福建省住房和城乡建设厅　主编

福建传统建筑系列丛书

平和传统建筑

PINGHE TRADITIONAL ARCHITECTURE

黄汉民　范文昀　著

芦溪镇蕉路村植璧楼　　黄汉民 绘

海峡出版发行集团
THE STRAITS PUBLISHING & DISTRIBUTING GROUP ｜ 福建科学技术出版社
FUJIAN SCIENCE & TECHNOLOGY PUBLISHING HOUSE

作者简介

ABOUT THE AUTHOR

黄汉民，福建福州人，1943 年 11 月生。1967 年清华大学建筑学专业毕业，1982 年获清华大学工学硕士学位。1982 年至今在福建省建筑设计研究院工作。中国民居建筑大师，福建省勘察设计大师。现任福建省建筑设计研究院有限公司顾问总建筑师。

曾任中国建筑学会常务理事，生土建筑分会副理事长，福建省建筑师分会会长，福建省建筑设计研究院院长、首席总建筑师，华侨大学、福州大学建筑学院兼职教授。

主要建筑设计作品获奖情况：福州西湖"古堞斜阳"、福建画院、福建省图书馆、福建会堂等，荣获福建省优秀建筑设计一等奖；中国闽台缘博物馆，荣获中国建筑学会新中国成立 60 周年建筑创作大奖。

出版专著《福建传统民居》、《福建土楼——中国传统民居的瑰宝》、《客家土楼民居》、《福建土楼建筑》、《门窗艺术》、《福清传统建筑》（合著）、《尤溪传统建筑》（合著）、《南靖传统建筑》（合著）、《屏南传统建筑》（合著）。主编《中国民族建筑（福建卷）》《福建传统民居类型全集》。

范文昀，陕西咸阳关中人，1979 年 5 月生。建筑设计师，南京大学建筑学博士，2014 年创办坊·间建筑设计机构，与各大设计院合作过多个国家级规划设计项目。主创项目：福建三明万寿岩国家级考古遗址公园三钢厂房改造利用工程（2015）；福建平潭北港村活化利用（2017）；福建平潭猫头墘村活化利用（2018）；福建屏南厦地村（2014）、平潭东美村（2015）、屏南里汾溪村（2020）中国传统村落保护与发展规划。出版专著《平潭石头厝》（合著）、《福清传统建筑》（合著）、《尤溪传统建筑》（合著）、《南靖传统建筑》（合著）、《屏南传统建筑》（合著）。发表学术论文《从"园冶"中看到的文脉与建筑营造》（2014，《建筑师》杂志）、《"我"眼中的王澍》（2013，《建筑师》杂志）、《不仅仅作为一种建造》（2011，《建筑师》杂志）、《解体认知"园冶"》（2013，《新建筑》杂志）、《砖·石·词语之间》（2012，《新建筑》杂志）、《天然石材的历史性言说片断》（2010，《新建筑》杂志）等。

总序一

GENERAL INTRODUCTION 1

衣食住行，这是人类生存必备的四个要素。其中"住"，也就是千百年来人们营造的建筑。

中国传统建筑体系是世界上独一无二的，以土木结构为主体，独立扎根在农耕文明土壤。当下，只要用中国传统技艺与材料所遗存或建造的传统建筑都可称作中国传统建筑。

传统建筑，文化古韵。它是凝固的历史，是文明的符号，是岁月的见证。

在福建，由自然环境和历史移民带来的文化交流隔阂，不但形成了 3 大方言群、16 种地方话和 28 种音，也形成了 11 大类 33 小类的传统民居类型。在福州，有汉民族古老里坊制人居格局的三坊七巷；在闽北，有青砖灰瓦、肃穆质朴、古风悠远的院落式民居建筑群；在闽中，有构筑奇特、聚族而居、防御性强的如城池般的土堡；在闽西南，有土木结构、防卫性能优越且适应大家族平等聚居的世界文化遗产福建土楼；在闽南，有"出砖入石"独特风格的红砖古厝建筑等。这些都是八闽大地丰富建筑文化的典型缩影。

"片云凝不散，遥挂望乡愁"。对传统建筑的了解，不仅是为了更好地保护，守住我们的乡愁记忆和文化气质，增强对福建传统建筑的自信心和自豪感，还在于指导现实，让传统理念和元素应用于现代建筑，延续好传统、传承好历史，让传统和现代交相辉映。

福建省住房和城乡建设厅是福建历史文化名城名镇名村传统村落以及历史建筑、传统风貌建筑保护传承的省级主管部门。近年来，我们不断加大保护力度，已初步建立比较系统的保护名录，也对八闽地域建筑特色进行了一些梳理研究。如同济大学常青院士开展八闽古建筑谱系理论研究；梳理特色建筑语汇，编印《福建村镇建筑地域特色》《福建省地域建筑风貌特色》《福建传统民居类型全集》《中国传统建筑解析与传承（福建卷）》《福建古建筑》等系列书籍专刊。总体上看，虽然做了一些基础性研究梳理工作，但研究还比较粗浅，不够深入，不够全面。

为进一步保护和传承好八闽大地上一座座"真宝贝"，推动总结、提炼全省各市、县（区）地域传统建筑特色，把握八闽传统建筑精髓和发展脉络，挖掘和丰富其完整价值，探索传统与现代建筑融合发展的理念和方法，福建省住房和城乡建设厅牵头组织开展"福建传统建筑系列丛书"编撰工作，以市县为单位，选取区域内现有的传统建筑遗存，包括传统聚落（如历史文化名镇名村、传统村落）、传统民居（如文物建筑、历史建筑、传统风貌建筑）、乡土建筑（如祠堂、书院、教堂、廊桥、古塔、牌坊等），在精选实例基础上，进行合理分类，系统提炼地域建筑特色。

"此夜曲中闻折柳，何人不起故园情"。"福建传统建筑系列丛书"悉数八闽大地"珍馐"，将八闽大地上一座座"真宝贝"呈现到我们眼前，让我们不论身处何方，都能感受到祖先留下的一座座温暖家园，都能从砖瓦木石间闻到家乡味道，都能在一砖一瓦间邂逅到最温情的家乡情怀，都能深切体会到乡愁记忆在延续，文脉在永久流传。

福建省住房和城乡建设厅

2022 年 8 月

总序二

泱泱中华，历史悠久，幅员辽阔，经纬纵横，建筑亦风格迥异，流派众多，并各具特色。

在众多流派中，闽派建筑以依山傍水、古厝马鞍，而独树一帜，且因闽越文化、客家文化、海洋文化、侨乡文化等的互鉴交融，形成了多姿多彩的传统建筑风格和多种多样的建筑形式——有红砖白石燕尾脊、砖雕骑楼和尚头的泉州闽南风格，曲坡文脊砖间石、琉璃垂莲诗文墀的莆田莆仙风格，黑瓦粉墙长披檐、隆脊悬山木墙裙的尤溪闽中风格，黑瓦土墙大围楼、石脚门饰大出檐的福建土楼风格，灰砖门楼马头墙、白沿雕饰高柱础的建州闽北风格，白沿门楼对山墙、鹊尾重檐长悬鱼的福宁闽东风格，白墙黑瓦马鞍墙、叠板门罩山水头的福州闽东风格，硬山石墙平屋脊、小窗窄檐压瓦石的海岛风格；也有城垣城楼、土楼城堡、府第民宅、文庙书院、古道亭桥等建筑形式，尤其是数量最多、分布最广的建筑形式——民居，更是充分展示了福建民众旧时的生活方式、喜好信仰、民俗文化和聪明才智。

这些传统建筑既蕴含着天人合一、宗法礼制等深厚的中国传统文化内涵，又充满着浓郁的人情味与独有的地域特色，是中国传统建筑文化中的瑰宝，具有重要的历史、文化、科学与艺术价值。它们似一颗颗明珠点缀于八闽大地，彰显闽人高超的智慧和技艺。

习近平总书记在福建工作17年半，对福建建筑文化遗产保护发展提出过许多前瞻性的思想和观点，且推动了一系列保护文化遗产的开创性实践。2002年，时任福建省省长的习近平为福建人民出版社出版的《福州古厝》一书撰写序言，以深邃的思考，生动的笔触，深刻揭示了戚公祠、马尾昭忠祠、林文忠公祠、开元寺等古建筑的丰富文化内涵，作出了保护好古建筑、保护好文物就是保存历史、保存城市文脉的重要论断，阐明了经济发展和生态、人文环境保护同等重要的关系。

福建省高度重视传统建筑保护工作，持续推进普查认定，深入挖掘文化遗产资源，初步建立了包括历史文化名城、街区、名镇、名村、传统村落、历史建筑、传统风貌建筑等保护对象在内的全省历史文化保护传承体系，先后制定出台了两部法规、三个政策文件。其中，《福建省传统风貌建筑保护条例》在全国首创。

此次，为深入挖掘、研究、整理福建传统建筑，更好普及福建传统建筑知识，展现八闽先人们的智慧，福建省住房和城乡建设厅组织编撰"福建传统建筑系列丛书"，这既是一项宏大的、浩繁的工程，又是一项功在当代、利在千秋的基础工作。它在为人们了解和认识八闽传统建筑提供一扇窗口，奉上精美的、具有福建特色建筑文化大餐的同时，也能为传统建筑研究提供基础资料，更能为传统建筑与现代建筑融合发展提供鲜活的样板。

希望通过该丛书的编撰出版发行，能够迎来新时代地域建筑之佳构，建筑文化之鼎盛。让我们随着编撰者的叙述，开启探寻八闽传统建筑之门，在不同风格、形式的建筑中，于古老的墙、瓦、窗、椽中，去体悟匠人智慧，感受闽人乡愁。

是为序。

国际欧亚科学院院士
住房和城乡建设部原副部长
中国城市科学研究会理事长

序

单霁翔

研究馆员、高级建筑师、注册城市规划师。毕业于清华大学建筑学院城市规划与设计专业，师从两院院士吴良镛教授，获工学博士学位。中国文物学会会长，中央文史研究馆特约研究员、故宫博物院学术委员会主任。历任北京市文物局局长，房山区委书记，北京市规划委员会主任、国家文物局局长、故宫博物院院长。是第十届、第十一届、第十二届全国政协委员。

　　由黄汉民先生与范文昀博士合作的《平和传统建筑》这本书，在近年对福建土楼全面普查的基础上，历时两年多的梳理与探索，几乎走过每一座平和土楼，用上千幅的精美摄影图片，及六万字的描述与解释，呈现了平和传统建筑与平和土楼的独特风貌。全书分上下两篇，上篇精选传统建筑实例，分出传统聚落、平和城寨、平和土楼、平和民居、祠堂家庙及寺庙宫塔；下篇主要以归纳地域建筑特色为主，分出 16 节，分类归纳了大型夯土墙、单元式多进合院、多样化的夯土建筑形态等，对平和土楼进行了全面、系统的研究。然而，令人遗憾的是，由于种种原因，平和县的土楼尚未列入《世界遗产名录》。

　　最值得一提的是作者在康熙年间的平和八景图里首次发现了圆形土楼，更进一步从人文层面论述了平和建县之父王阳明在当地的开拓功绩。书中系统论证了圆楼的起源，为我们打开一个看待福建土楼的新视角、新观点。这是对福建土楼这个世界文化遗产更深入的研究，对福建土楼的保护、活化，对推动土楼乡村振兴都具有十分现实的意义。

目
录

CONTENTS

四、平和民居 / 264

五、祠堂家庙 / 276

六、寺庙宫塔 / 300

目
录

CONTENTS

——平和与王阳明及圆楼的诞生

在闽西南博平岭南面有座大芹山，其 1500 米的海拔与博平岭最高峰齐平。博平岭南端余脉与大芹山在平和县域内发源出若干溪流，汇入三江（韩江、漳江、九龙江）后入海。平和县西面与广东交界，发源于大坪双尖山的芦溪与九峰溪汇合后，流入广东饶平的梅潭河，再汇到韩江而入海；南面有发源自大芹山的石陂溪流经诏安县，汇入东溪入海，还有下陂溪汇入漳江经云霄县入海。作为平和县母亲河的花山溪，则养育了平和县域的东半部，它源自博平岭与大芹山，向内汇聚蜿蜒穿过平和县域腹地，自山格镇拐出，经南靖县船场溪汇入九龙江东溪入海。这是平和县域均匀分布大量圆形土楼的地缘山水环境，毕竟人居环境的播种必定从水岸肥美之地起始，特别是农耕文明与大地环境有着密不可分的天然关系。

从历史地理学的动态角度来看，平和县域人居环境的产生，与其相对复杂的静态自然地缘环境异常吻合。闽南文化自漳州始。漳州始建于漳江沿岸，由于瘴痢，迁徙李澳川，后定在龙溪，而漳江名号则是唐代陈元光父亲陈政所命名。千年前，陈政、陈元光父子自唐高宗总章二年（669）南下开疆拓土，落脚漳江沿岸的云霄县火田镇一带，中原文化从此在这蛮荒之地奠定了坚实的人文基础。之后，才有了元代泉州港、明代月港及近代厦门港的开辟，并带动了闽南地域文化与经济的兴盛。南明时期郑成功对台湾进行了全面开拓，使得清朝后来坐收渔利。云霄县则是在清嘉庆元年（1796）从平和县割出，从而创建了独立行政单位。可见，自"平和之父"王阳明在明正德年间 1519 年创建平和县以来，直到清嘉庆元年 1796 年的 277 年间，平和县域包括云霄海岸直到博平岭南端的广阔地域。这里的山水自成体系，与其相邻的广东饶平，及福建诏安、南靖，其水系与平和县域密切相连，平和地处源头上游，如此构成了辐射型的水系分布与地形地势。

在古代，福建丘陵交通线路网上，步行陆路十分艰难，因此人们首选水路作为主要干线。如果下游沿海冲积平原人口爆满，那么可逆流而上，在上游有干净水源的山谷盆地选址落脚开基。这是平和县域地处河流上游丘陵地带高海拔气候环境的突出特征，也是从历史地理学角度相对静态看待农耕文明人居环境的大断面。结合动态迁徙观察，唐代汉人自在漳江沿岸开漳拓荒后，到元朝时期，在离漳江不远处，如今平和境内的南胜镇设南胜县，14 年后北上迁徙到如今平和县花山溪附近的旧县村，时隔 19 年再北上迁徙到如今南靖靖城镇一带冲积小平原，然后明代的 1519 年再从南靖析出大部分土地，从而创建平和县。这里需要特别说明，明中期以九峰镇为中心创建平和县是以王阳明的战略思想为主导，和之前人居聚落的自然迁徙截然不同。这时的世界，西方正在文艺复兴盛期，而平和县花山溪连接海洋文明的九龙江月港的繁茂时期正在呼之欲出（月港是明朝后期全国唯一对外开放的口岸）。

平和县的创建是在特定时代背景下的主动选择，这种主动性与王阳明有着直接的必然关系，也是体现王阳明心学之"知行合一"阶段的首次实践产物。王阳明是我国明中期"立功、立德、立言"真三不朽的伟大思想家、实践家，一生追求圣贤之道：立己立人，成己成物。习近平总书记在不同场合数十次有针对性地引用阳明心学，可见其生命力以及对当下的重大战略意义。"王阳明的心学正是中国传统文化中的精华，也是增强中国人文化自信的切入点之一"（习近平）。"古人说：'天下之难持者莫如心，天下之易染者莫如欲。'一旦有了'心中贼'，自我革命意志就会衰退，就会违背初心、忘记使命，就会突破纪律底线甚至违法犯罪"（习近平）。"破心中贼"正是阳明先生在平和县域"平寇"之后的凛然提出，也是后来心学"致良知"本体论的重要方法论。

之所以是在福建闽南平和地域，之所以是阳明心学，有这么几个线索与认知需要梳理。

1. 500 年来，阳明言说思想能够把我们带入最基本的人人都有的心性透彻领地，由此可穿越时光的幽暗深渊，压缩历史距离，过滤腐蚀思想的无关臆造杂质，进而敞开久违的永存恢弘内在世界。

2. 阳明先生身体力行的学说体系是个动态开放的精进过程，每一个阶段都有结出的思想果实。在福建漳州平和地域的有力实践，正是发生在 46 岁阳明先生"知行合一"思想方法论的纯熟时期。

3. 阳明先生到任南赣巡抚 4 年（1517—1521），这是他人生一个阶段的新开端与过往总结："知行合一"军事思想才能头一次在平和县得到应用；第一次真正在平和县域草莽阶段的人居环境基础上，以正统姿态描绘社会治理理想；第一个奏疏设立平和县。阳明先生先以军事切入，进而收拾人心，借此历练才干，心学思想由"知行合一"跃升到"致良知"宗旨，从而凝定广大。

与王阳明心学思想一起，让我们进入平和人居环境现场。2021 年上半年我们对平和县域的土楼进行了全面普查。对照周边县域土楼的差异性，总结平和土楼有这么几个显著的个性特征：①平和县土楼以圆形为主流形态，圆楼占全县土楼总数的 70%，其邻县诏安与云霄圆楼也占据一半以上，相较而言，邻县博平岭两侧的南靖县、永定区圆形土楼占少数，分别占两县土楼总数的 30%、9%（如图 1）；②平和土楼不管圆形或方形都是单元式组合门户（如图 2），仅在靠近博平岭的芦溪附近出现少量的客家人通廊式土楼；③平和土楼在山岭间总能腾挪出空间扩展"楼包"（如图 3），进而形成巷道空间，一圈两圈或多圈的围绕，或闭环或开放，以满足子孙不断繁衍带来的居住需求，这种扩展性与广东围龙屋类似，与官式合院大厝的护厝类同；④平和土楼类型异常丰富，从形态上来看，有标准的方、圆，有后方抹圆的方形，有半月形，有椭圆形，也有适应地形环境的异形；从发育过程来看，有山包坡地上的城或寨（单元式

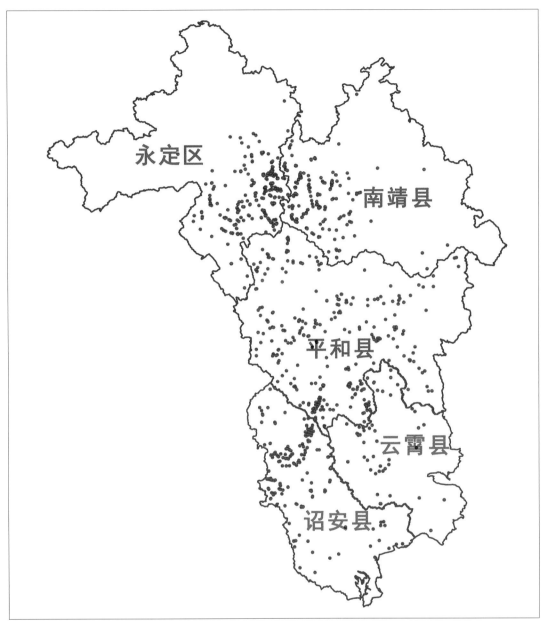

图1 福建土楼圆形土楼集中区分布图（范文昀统计与制图）

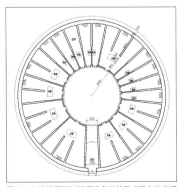

图2 九峰镇福田村新福楼多样单元式门户的空间组合

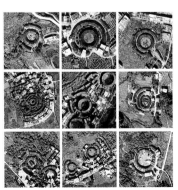

图3 平和圆形土楼"楼包"组图

图4 平和最早纪年土楼楼匾

圆形土楼的雏形），有马蹄形方圆之间的演化，直到彻底抛弃礼仪秩序的稳定成熟期典型单元式方圆土楼，这些都在现场同时存在，这在其他县域极少见到；⑤现存大多数平和土楼都有石刻楼名与纪年（如图4），这是其他县域罕见的现象（平和没有纪年的土楼是新中国成立后合作建造的，满足集体社员生活的一种居住形态）。虽然诏安县、云霄县及广东的饶平县也有不少圆形土楼，但它们都是在平和邻近区域密集分布，且是沿着发源自平和的溪流下游两岸建造。因此，我们可根据土楼时空分布，把福建土楼分出新的两大谱系：一个是博平岭式土楼（永定、南靖、新罗），一个是平和式土楼（平和、云霄、诏安、饶平）。前者是以方形土楼及客家人为主，后者是以圆形土楼及闽南人为主；前者是通廊式居住方式，后者是单元式居住方式。以平和的地缘山水环境及营造文化为中心，辐射出闽南地域福建土楼的分布范围，这是福建圆形土楼诞生的现实认知起点。

事实上，人类自从懂得取诸身边事物进行生活，就学会了建造。即使在上万年前的福建三元区岩前镇的万寿岩船帆洞，人们一边狩猎，一边主动选择了略高于地面狭窄入口的防御型山洞，并在地面铺设河卵石作为篝火大厅。建造房屋也必然是防护与防御的产物，世界各地的民居与城堡概莫能外。因此，防御性作为土楼产生的原因没有唯一性，只不过土楼居住模式的防御性更强罢了。土楼独特的居住形态应该从独特的居住方式上认知，从源头产生的文化根脉、经济基础、社会现实及历史机遇中深入观察，才能切入历史真实。

一切外因的促进，首先是内在的各种素质业已具备，才有可能产生集群效应。以下从三个方面观察平和圆形土楼起源的基础性可能。

1. 王阳明"致良知"思想潜移默化地在平和产生播种效应，它带有诸多可切实追寻的唯一性，这是文化线索的坚实路标。

2. 与财富相关的时代机遇同步200年。当时全国唯一的进出口大港——漳州月港，其兴衰周期与平和圆楼大量出现的经济基础有着必然关系，当年平和大宗"克拉克瓷"的世界性贸易附带海洋文明的输入，在已遍布平和县域的国内外平和窑考古中得到证实，这也是周边任何区域都没有的史实。

3. 由文化与经济支撑起的平和圆形土楼在康熙年间遍地开花的事实，说明平和土楼的建造水平已达到巅峰。

图5　福建省漳州月港现状

这是一场居住方式的颠覆式变革，并以平和圆形土楼形态的演变作为有力佐证。自明中末时期朱王朝政权逐渐没落始，到南明王朝时苟延残喘，再到郑成功经略台湾，后清朝初期统治者清除异己而逐渐稳定，这200多年正是西方海洋文明崛起的黄金阶段，漳州月港在这一时期一跃成为世界性商贸大港（如图 5），直到清朝统治者为了切断郑成功集团获得资源而断然关闭月港为止。这一时期与花山溪一带平和地域文化与经济的兴衰完全吻合，而圆形土楼的横空出世正是其间物质文化规模性发展摸得着的重要一环。

一、平和是王阳明心学的首次实践地

明中期闽粤赣三省交界山区的蛮荒地带，这里盗贼横生、民不聊生，逐渐出现了朝廷失控的局面，十余年无人能消除此地自成王国、地方割据的无政府状态。当时朝廷的腐败无能，使混乱的局面愈演愈烈。由于山区资源有限，盗匪不断骚扰富饶地区人们的生活。此地动乱的局势成为上任官员的烫手山芋，也是当朝皇帝的一块心病。这是王阳明剿匪的历史背景，也是当时人居环境的写照，更是后来产生圆形土楼的人文历史土壤。

从军事行动到创建平和县的战略思想，再到亲自督建文庙等重要政治文化场所等，无不体现王阳明心学独特的"知行合一"与"致良知"学风文风。正如清光绪年间《漳州府志》记载："明自成化以前，姚江之说未兴，士皆禀北溪之教，通经明理，躬修实践，循循乎上接乎考亭，无异师异说以汩之，不亦善乎。正德以后，大江东西以《传习录》相授受，豪杰之士翕然愿化，漳士亦有舍旧闻而好为新论者。如邱氏原高'昔信理，今信心'之说，陈氏鸣球'吾心无二'之云。"

此种思想的大转变正是从王阳明创建福建省平和县落地起始，当时漳州月港虽然不被官方认可，但民间已悄然兴起互通有无的海外贸易。此时相距明隆庆元年（1567）解除海禁还有50 年。这种打破朱熹理学主流的阳明心学一旦落地，心学的当下性、行动性及开放性直接与海洋文明产生了极纯而广大的化合效应。这是东方式文艺复兴在农耕文明与海洋文明之间真正的牵手。

看看当时的活性思想是如何在空间上落地的。王阳明起初的重点就是"平寇"，看到战争的残酷后，感叹道"破山中贼易，破心中贼难"。心中冒出这句话的当下，正是王阳明人生首战在漳南平和一带剿匪告捷之时。有鉴于此，王阳明奏请朝廷设县治，以求长治久安。用兵只是不得已而为之，用文来化育才是正道。于是，王阳明走到哪里就播种到哪里，打破了理学铁桶一般仕途庸俗学风。

先生先用兵。阳明临危受命，于明正德十一年（1516）任都察院左佥都御史，巡抚南赣汀漳等处，手握临机处置大权。到任之前，他迟疑不动，但胸中军事大略已有布局。兵者诡道，先生运用自如。到任之前先麻痹对方，到任后立即训练千余精兵，再通知各地知县列阵待命。这里有各种抉择在左右决策：不采用以往调用"狼兵"而劳民伤财；首先攻取远处漳州与潮州交界的平和地域一带匪寇；用十家牌法管制人员流动性，以保证军事的保密性等。1517 年上半年，王阳明亲自带领上千精兵督战，顺流而下到漳州，逆流而上去如今的平和，一路迅疾如风，马不停蹄。平和地处博平岭大山脉南端，山高水深，林密兽多，是多个溪流的源头，当时属南靖管辖，官府鞭长莫及。阳明先生逗留九峰镇数日，多用火攻，拔山寨40多座，圆满取得首战大捷，仅用两个多月就班师巡陆路回上杭指挥所，并留有千古诗篇与碑刻。

这里紧扣传统建筑需插叙一下。此处剿匪事件中出现的山寨应是现在圆形土楼的雏形，而这种成熟的夯土营造防御体系还需借鉴中原桢榦夯土技术，从而演化为三四个人可操作的版筑，才可为典型圆楼的出现做好技术突破。

先生再用文。1517年5月28日，也就是漳南"平寇"后一个多月，王阳明动笔书写一份奏疏《添设清平县疏》。时过一年多后，1518年10月，再写一份奏疏《添设平和县治疏》（如图6）。一年多时间，王阳明已尽除"三省骚然"的其余四大匪患，并奏疏设崇义与和平县其他省两县县治。先生业余时间与门人讲学论道，并刻有古本《大学》与《朱子晚年定论》。这些在王阳明年谱中都有详细记载。这是先生书写平和奏疏前后的主要事件。

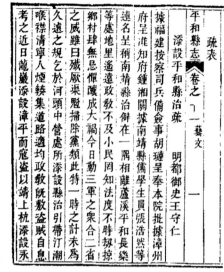

图6　王阳明《添设平和县治疏》

为了深度认知王阳明思想在平和的落地实践，这里以第二次奏疏《添设平和县治疏》为文本，解读其中要义，简要梳理其中的规划意图与战略营造思想。

疏表中，首先开门见山述说九峰地理人文环境"人烟辏集，道路适均，政教既敷，盗贼自息"，简要陈述了设县的必要性与可行性。再奏"两省民居相距所属县治，各有五日之程，名虽分设都图，实则不闻政教。往往相诱出劫，一呼数千，所过荼毒，有不忍言。"逐步展开对这个地带现实状况的条陈：主要是复杂地形环境所限，"政教"有名无实。疏表同时提出规划思路及可行性措施，"呈乞添设县治，以控制贼巢；建立学校，以移易风俗，庶得久安长治等因"，填补"政教"空白，使盗贼不再滋生，这是解决现实难题之良策。长远来说，还要从内在化育起步，"建立学校"，奠基长治久安的信心力量。这是王阳明最为上心的地方，只有建立内生性的机制才是解决问题的根本。

"踏得大洋陂，背山面水，地势宽平，周围量度可六百丈余"，人居选址已成竹在胸。"陂"意为河塘或溪流边的山坡，"大洋"意为良田千亩，在缓坡可营造不被水患侵害的栖居之所，临水建造可解决人畜饮水，周边宽敞可设一个县的规模，这是天造地设的地方，营造可从这里开始。"奏凯之后，军饷钱粮，尚有余剩，各人亦愿凿山采石，挑土筑城，砍伐树木，烧造砖瓦，数月之内，工可告成。"各项营造活动已如火如荼，只等皇帝的圣旨到位，建造县堂等行政建筑。这种中国式的农耕营造，都是手工业在地一条龙服务，土、木、石这些取之不尽的材料，都可资利用。民众自带手艺与劳力，势在必行。

"如果远近无不称便，军民又皆乐从，事已举兴，势难中辍，即便具繇呈来，以凭奏请定夺。仍一面俯顺民情，相度地势，就于建县地内，预行区画。街衢井巷，务要均适端方，可以永久无弊。听从愿徙新旧人民，各先占地建屋，任便居住。其县治、学校、仓场，及一应该设衙门，姑且规留空址，待奏准命下之日，以次建立。"当时的实际情况是，九峰古城外郭城墙已基本完成，"人民"自行陆续营造屋舍正如火如荼，只等官府建筑营造的一纸指令。这段话把我们带入营造现场，这是一种中国式的造城，只要思路清晰，各方商议完备，在各族族长带领下，在知县的统领下，百工如军队，各司其职，一两年高质量建成一座县城的基本居住与行政空间，是不成问题的。"民情"如水势，顺导以图"永久"安邦。由此可见，王阳明的社会治理模式终究在源头获得儒家的活性精髓，并充分体现在建筑营造活动的执行中。

"臣时督兵其地，亲行访询父老，诹咨道路，众口一词，莫不举手愿望，倾心乐从。旦夕皇皇，惟恐或阻。臣随遣人私视其地，官府未有教令，先已伐木畚土，杂然并作，裹粮趋事，相望于道。究其所以，皆缘数邑之民，积苦盗贼，设县控御之议，父老相沿已久，人心冀望甚渴。"此等"人心"，众望所归。如此反复陈情"人心"与"长久"之计，全文至少八次重复书写"设县治"事宜。王阳明在驻扎九峰镇指挥作战时期，同时在考虑如何使得"父老"不再受此荼毒，以化育破解"心中贼"，而安居乐业。"臣观河头形势，实系两省贼寨咽喉""旧因县治不立，征剿之后，浸复归据旧巢。乱乱相承，皆原于此。今诚于其地开设县治，正所谓抚其背而扼其喉，盗将不解自散，行且化为善良。"终究是用军事眼光洞察设县治的要害所在，最终归于"致良知"而"破心中贼"，使人"化为善良"。

百年后，与王阳明同乡的明末知府施邦曜（1634 年任漳州知府）在选编的《阳明先生集要》中点评："自设县以来，此地冠盖相望，家诗书而户礼乐，盖彬彬称化国哉。先生此举，不特可以弥盗，亦可以变俗，允为后世之师。"施邦曜对心学认知的百年化育成果进行了事实评论，此点评距平和县城落成已有 115 年，他是阳明心学大批忠实追随者之一，为阳明心学的传播做出了巨大贡献，特别是委派时任县令在平和县刻印《阳明先生集要》，远播日本。

县治规划。平和传统建筑一开始就与王阳明的创新思想密切相关，他不但规划九峰河头大洋陂一带作为县治所在，还设定了建筑的府制规格并亲自督造重要建筑（王阳明 28 岁时就已奉命督造"威宁坟"王越墓葬工程，表现出过人的组织才能），还特别在城隍庙里供奉了他一生喜爱的唐代诗人王维。

相比后来设置江西的崇义县与广东的和平县，王阳明对平和地域"人民"厚爱有加，事无巨细，操心过问一一到位，使得平和这个偏远地域从此走上康庄大道，这也是唐朝陈元光"开漳"后又一次中原汉文化的深远影响与传播。这时距南宋朱熹理学"格物致知"播种漳州（1190年朱熹理政福建漳州府）已有 329 年。

九峰县衙。500 年前明朝中期的平和县还是初创。1518 年王阳明寻访崎岭乡南湖村陈伟兴建的平和县堂（陈氏族谱记载时间与古县志记录时间吻合，当时进士出身的陈伟进翰林院任

吉士，曾奉旨修建金陵避暑
山庄"崇美堂"）。几乎与
兴建县衙同时，1520年陈
伟在家乡南湖村兴建方楼
"崇庆楼"（这是目前有明
确年代记录可查的最早土
楼），历时4年建成。

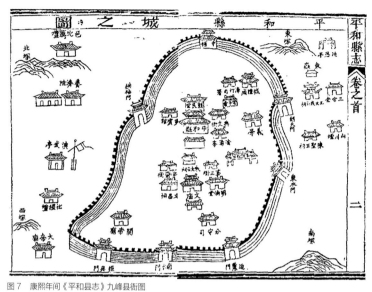

图7　康熙年间《平和县志》九峰县衙图

《平和县志》康熙年间
成书之际，距平和县城落成
已整200年。平和县的创
建距漳州月港退出历史舞台
（康熙二十三年）已有165
年。其间未发生重要战事，古县志中的城池舆图应是明朝原初的基本格局，城中建筑布局中轴
线对称，坐北朝南，文庙建筑群处于最南端尊位，依次往后是朱文公祠、平和县衙、亲民堂，
左后为城隍庙，右前是关帝庙，而王文成公祠在东北门外，与三官堂紧邻。古城内外其余建筑
如今已荡然无存，仅存留文庙与城隍庙，及核心部分街巷肌理。如今能查到《康熙平和县志》，
且作为历史路标，可进入平和历史时空。直到1949年新中国成立前，县城县衙都在九峰古镇，
之后搬到离漳州较近的小溪镇。从此，九峰古县衙完成了430年的历史使命。

文庙。康熙年间《平和县志》线描插图显示，平和文庙在中轴线南面最前端（如图7）。
在王阳明亲自过问与指导下建成的文庙建筑群，当下仅存大成殿与明伦堂，虽然建筑群整体场
所空间不复存在，但主要建筑与配殿依然生辉（如图8）。

王阳明逝世后65年，万历二十二年（1594），明神宗下诏王阳明入孔庙为圣贤一员，这
是官方的正统认可，可见当时阳明心学自上而下地得到推崇。自心学的实践效果逐渐显现后，
这种"致良知"的万物一体观念，显然符合开明皇权的社会治理理想模型，可惜昙花一现，明
王朝大势已去，而经过朝代更迭的洗礼后，特别是爱新觉罗氏的清王朝兴"文字狱"而彻底禁
锢汉人思想后，心学只能在"墙外"的日本海岛独自开花结果，一时成为主流，从而成就日本
明治维新的辉煌。

城隍庙。康熙年间《平和县志》线描插图显示，城隍庙在县衙左侧，离东北城门不远（如
图7）。城隍庙是民间祭祀集会场地，也是全民化育场所。平和县九峰镇城隍庙保存完整，型制、
尺度、石材、神位基本保持明代原有格调（如图9）。城隍庙与文庙同样风格，只是营造的标
准稍逊一筹。城隍庙近年修葺一新，仍是古风古貌原样，修缮水平较高。庙宇面对车水马龙的
街道，在四周水泥楼房的包围中，城隍庙越发显得清新脱俗，外墙一律灰砖包裹，斑驳花岗岩
铺地，还有多进深的院落式布局，可遥想500年前高起点开创的情景。

图8 平和县九峰古镇文庙大成殿

图9 平和县九峰镇城隍庙

　　拜亭是城隍庙空间的高潮部分，抬头可见核心神位，烧制的红砖窗花精致考究，亭内左右两侧门扇有八幅斑驳彩绘，是平和县康熙时代的八景图，这里存有土楼诗意栖居情景（如图10）。后堂供奉唐代大诗人王维夫妇，王阳明与王维成为历史的知音，王维应是阳明先生眼里

图10　九峰城隍庙门扇彩绘

的圣贤标准，王阳明把这个标准献给平和，让神灵的高标准化育这个当下 "匪患"之地为礼仪之邦。

文成公祠。在王阳明过世 38 年之后，明穆宗深知阳明心学在经世致用中的宏大功用，于隆庆元年（1567）下诏追封王阳明为新建侯，谥号文成。凡是王阳明"过化"之地，从此基本都有王文成公祠。在历史上，朱文公祠设置比较多，特别是在南方。这种现象说明一个事实，就是朱熹理学教科书般的典籍是皇权能把握的事情，而具有超越时代的王阳明生命哲学认知体系却在当时一时难以被理解与接受，这种颠覆性思想显然不能作为科举的阶梯。王阳明年谱有记载，曾有不在少数的求学者抛弃仕途而追随阳明先生。

这种颠覆性哲学与圆楼居住方式的变革息息相关，也与西方文艺复兴时代几乎同步，特别是之后笛卡尔"我思故我在"之数理哲思带来的极大解放，不再被固有神权或皇权束缚手脚。在怀疑一切的时代，笛卡尔认为一切都可以怀疑，就是不能怀疑我思考的权利，如果连这个都怀疑，那么一切无从谈起。相比阳明心学，这里具有异曲同工的效果，就是一味向外求道而"格物"后，自我却被极大地否定了。因此，王阳明决然与僵化的理学决裂，主张与自己和解，这样万事万物才会一体地出现在当下生命里。在历史时空的中西纵横交织之间，通过当时唯一商贸港漳州月港进行深度交融，形成我们当下认知圆楼居住方式起源的基本内在认知面。

王阳明在任期间告病还乡，途经江西青龙埔时病逝，享年 57 岁。阳明功德显然已深入平和县"人民"的内心，且代代相传，在其有生之年人们于庙宇旁设"生祠"以示敬爱。先生逝世后 25 年（1554）建官方庙宇封神。明崇祯六年（1633），平和县城东郊的"王文成公祠"落成。明末"古今完人"、儒学大家黄道周为阳明先生撰写《王文成先生祠碑记》，以高超的文辞颂扬阳明功绩，以及泽被后世的"良知"精神与成果（如图 11）。至今，民间每年两次进行阳明祭祀游神活动，人们高举绣着"知行合一"四个大字的锦绣黄旗。可见，心学学问已嵌入当地百姓的心灵深处，人们周而复始地祭祀感念（如图 12）。

图 11　明末黄道周撰写的《王文成先生祠碑记》与民间祭祀庙宇

图 12　新落成的文成公祠大殿

　　平和邑起步虽晚，但一出生便不凡。阳明心学从此历代扎根不说，更重要的是这里从一开始的营建，便深深烙印上了生生不息的复兴式活性文化。王阳明成为这里的真神，护佑一方"人民"。随之，瓷土变瓷器，远销海外，圆形土楼顺势遍地开花。

二、平和是福建圆形土楼的诞生地

　　平和县圆形土楼在康熙年间已普遍存在。从康熙五十八年（1719）《平和县志》八景插图及城隍庙门扇彩绘中，笔者发现共出现至少 12 处诗意山水圆形土楼（如图 10 与图 13），却没有一座方楼。可见，当时圆楼已成为平和县最普遍的土木营造形态，而在平和周边县域的清代县志八景图里，均未发现这种圆楼居住类型。

图 13 组图 1　《平和县志》八景插图——《三平寺》　　　　图 13 组图 2　《平和县志》八景插图——《天马晴烟》

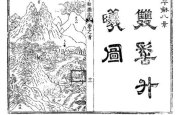

图 13 组图 3　《平和县志》八景插图——《石潭秋月》　　图 13 组图 4　《平和县志》八景插图——《大峰山》　　图 13 组图 5　《平和县志》八景插图——《双髻升曦》

平和城隍庙门扇彩绘应是在康熙年间《平和县志》刊行后不久，描摹自《平和县志》中的插图，主题、名称相同，形式相异，彩绘绘制的时候有所发挥，神韵犹在。这种山水图在古代是对现实的描画与歌咏，特别在清朝的康乾盛世流行。其中，彩绘的两个圆形土楼分别出现在《天马晴烟》与《双髻升曦》主题里。《天马晴烟》里的圆楼坐落在连绵群山脚下的丛林中，其毛石砌筑的高墙脚清晰可见；《双髻升曦》里的圆楼处在山巅的山坳里，且似有双环相套，四周奇峰突起。两幅彩绘虽已斑驳，然运笔与着色之生动真实扑面而来，绘制水平一流。

《平和县志》八景图里的线条略显单薄，但依然给我们呈现了平和圆形土楼各具形态的风采。《三平寺》插图里出现四座圆形土楼，在位于山间的三平寺建筑群两侧随机分布；其中两个隐藏在云雾缭绕的山涧，一个在开阔台地与"人"字屋顶民居组合成群落，一个在前方坡地上独处，形象逼真独特，一种诗意扑面而来。《天马晴烟》图景中出现三座圆形土楼，上中下各自在临溪台地上安静矗立，如在仙境。《石潭秋月》里的一座在图幅左上山地平台中，这座是唯一可见的双环圆楼，内环楼中间高高突出，外环楼低矮围合，形态丰富。另外，《大峰山》与《双髻升曦》图中各隐约藏有一座圆楼。

这种县志八景图中诗意山居圆楼的出现，距王阳明设县至少 200 年，距当下 300 多年。推想这 200 年里到底发生了什么？这个发问事关圆形土楼居住方式的起源认知，进一步追问这种居住空间的颠覆性思想源头，以及历史的机遇如何促成。从王阳明拔除 40 多个匪患山寨（实质是聚族而居的防御性山区民居建筑），到 200 年之后诗意圆楼画面的出现，从山寨到圆形土楼，这 200 年应有化育操作系统在起推动作用，从而产生这种源自堡寨又高于堡寨的居住空间分配与标准化营造，这与平和这处独特人文高地完全吻合，也与 1519 年设县初始到漳州月港国际商贸大港退出历史舞台（1684）的 165 年时间段基本重合。这是当时全国唯一对外开放港口的黄金时代。

人文厚度可在阳明后学的忠实追随者那里得到有力印证。明末时期漳州知府施邦曜首次归类整理《阳明先生集要》，命时任知县在平和邑刻板印刷，书籍传到域外朝鲜、日本等，影响深远。清中期，厦门海岛向海设立外港口，内港月港随之衰落，其他沿海商贸港口逐渐多样化，之后的 300 年又发生了什么？当经济活动趋于稳定后，想必土楼的建造活动也从顶峰逐渐落回常态，直到新中国成立后最后一波的圆楼建造。

土楼的时空分布究竟如何？笔者首次对现存福建土楼的分布密集区永定、南靖、新罗、平和、华安及邻近平和的诏安、云霄区域进行了统计数据的样态分析，经过人工检索、比对与鉴别，在 GIS 地理信息系统的大数据统计平台上首次获得一个较为准确的土楼空间分布成果图（如图 14）。相较而言，从土楼分布样态上来看，平和县域土楼空间分布均匀，而永定、南靖、新罗、华安仅在博平岭两侧密集分布；从 3000 多座土楼总数上来看，永定土楼最多，华安土楼最少；而各县圆楼占比方面，平和圆楼是方楼的两倍多，南靖圆楼与方楼数量几乎相当，永定圆楼仅是方楼的十分之一不到，且圆楼总数平和最多，仅次平和的诏安，是在邻近平和区域

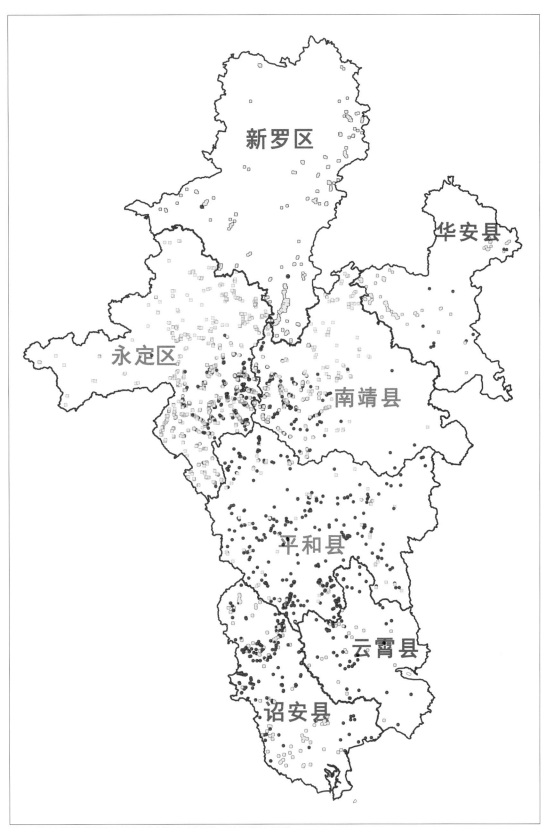

图14　福建土楼空间分布图（图中黄点为方楼，红点为圆楼，范文昀统计与制图）

集中分布圆楼。这些统计分析数据与我们实地土楼普查数据基本吻合。因此，平和县域是名副其实的圆形土楼王国，且历史悠久、根源明确（大多有石刻纪年，其他县域极少），且可能有数倍的土楼已经湮灭。

由此我们可推论，由漳州月港兴盛与瓷器外销引发的黄金 200 年间，平和县域遍地圆楼产生的文化高度与经济基础到底是个什么样。

文化高度。"人人皆可为圣贤"是阳明心学面对每个人的认知态度，也与当代民主观念精华相契合，就是尊重每一个人的内在价值存在。当时有人问阳明先生，为什么人和人还是有区别，阳明回答："个个本心是足色，虽斤两不同，而一两金与一万两足色同一，成色不同只是时时刻刻下工夫多少不同罢了"（《传习录》·门人薛侃录五）。这种儒家源头"知其不可为而为之"的"事上练"动态内在驱动是最终归宿，每个人都应积极面对生命，生命才会给予馈赠。那么，这与单元式圆形土楼有什么关联？我们假设一个命题来进行推导，以此挖掘人文建筑的价值：这种像真理一样圆满的圆形土楼在平和凸显，应有一种文化化育高度才会解释得通。从明中期土匪山寨到康熙年间诗意圆楼的普及，这 200 年正是平和彻底蜕变的跃升时期。那么，让我们看看圆满的空间形态特质有哪些——

1. 方圆辩证之间，只有圆形在数理上具有无限性属性，如宇宙球体及运行轨迹，如风车，如深邃天穹；

2. 圆形的向心性与均等性，如圆桌会议，如向日葵；

3. 圆形能够真正勾画出建筑里整体与局部的辩证立体关系，如单元式圆形人居土楼，北京神居的天坛、地坛，古罗马娱乐至上的角斗场等。

从阳明内在心学出发，我们是否获得了这种关联着"平等"与向心的辩证空间关系？进而把握到了圆形土楼的一个重要认知视角。用另一种说法来说，除了明显的基本防御便利之外，圆形土楼内涵一种圆满的人居生态价值，这时夯土技艺真正成为夯土本身的围合之规定，这种规定具有建筑学本质意义：从人文设计的内在主体意识出发，看待一种符合生态规则的自觉营造行动。我们获得这个认知，不是在形式上要模仿圆形形态，而是要获得一种普世价值观，来引领我们当下的建造行为，不要远离土地的赠予太远。这种价值的获得，旗帜鲜明地反对无意义的模仿与无根的形式主义泛滥。当然，这里更无意硬性论证阳明心学如眼见为实般地在履行设计师的职责，只是阳明心学能够植根内在，认定某种法则，决然解放心智，正好是圆形土楼，尤其是平和单元式圆形土楼更契合这种生命哲学式的空间形态。

从圆形独特建筑居住形态，再回到千年不变尊卑宗法严格的四方形态空间秩序。这种端方空间秩序是先天血缘秩序的再现，特别体现在多进堂屋合院或官式建筑群组合中，这是华夏大地土木营造的基本格局。与之相对，就有山水间的土木空间灵活组合，甚至一个茅草屋，只要半坡临水，诗意就可随手拈来，亦如王阳明在贵州龙场驿的"何陋轩"。在明清江南园林营造盛期，园林迷宫与堂屋合院一般是并蒂双开：一边是文人化的山水壶镜诗意世界，一旁总有几组多进合院端方秩序锚定。圆形土楼的大地诗意居住形态与端方血缘轴线秩序的维系，恰如江南园林山水壶境与宅屋合院并蒂双开。

在明朝中期，先知先觉者扬弃朱熹上百年集大成的理学后，阳明心学瓜熟蒂落。这与当时的技术发展是齐头并进的，郑和下西洋史实早已证明，华夏族群的应用技术已走在世界前端。正如当时冒出了不少经典艺术、文学及技术发明，如《开工天物》《园冶》等，这时期说是"中国的文艺复兴时期"，也毫不为过。从明中末期到清初的南明王朝时期，在皇权最难以控制的闽南一带，特别是在朝代更迭过渡时期，更不可撼动郑成功在此的海上霸主地位，福建东南沿海正是其台湾盘踞基地的母体脐带。虽然明末清初时期政治斗争不断，但这时的商贸、文化及技术却得到了极大的激活，而深藏在九龙江上游花山溪一带的平和县域因此受益匪浅。

经济基础。王阳明在平和奠定了长治久安的政治格局后，人们安居乐业，50年之后赶上明隆庆元年（1567）解除海禁。这是平和县大发展的一个时代机遇。当县域格局奠定后，民间山寨自会蜕变升华，亦如阳明心学播种、开花、结果。此时，圆形土楼如雨后春笋般冒出，直到我们目之所及的康熙时期平和八景图及城隍庙彩绘中圆楼成为常态诗意景象。

从经济基础来看，平和县域赶上了阳明心学扎根之后的跃升机遇。平和县域在清嘉庆三年（1798）之前包含沿海云霄县域，也就是说，明代的平和县域是真正半山半海的人居自然环境。平和县域在博平岭大山脉南端，境内以大芹山为最高峰，向三方流出多条溪流，在古代如高速路网般，人们可顺流而下。溪流主干花山溪直奔九龙江西溪，从漳州月港出海。当下的考古发现证明，平和古窑遗址以明末清初居多，"平和窑是福建明末清初沿海陶瓷贸易的主要窑口，是漳州窑系列窑口的典型代表"（朱高建，李和安，《从明墓出土器谈平和窑烧制年代》，发表于《中国古陶瓷研究》），窑址主要集中在南胜镇与五寨乡一带，这里沿着花山溪支流可顺流而下到漳州月港，再漂洋过海到东南亚，还有日本。与平和"克拉克瓷"出口同步，从明万历年间始，直至康熙年间，平和进入发展的高峰期。正如这个时期《平和县志》中的八景图所示，平和出现了大量圆形土楼。

经济在文化厚实的环境中倍增附加值，这是可以推断的事实，也不难判断这里存有人文高地的溢出现象。这正是明隆庆元年（1567）解除海禁的效果。特别是平和瓷器在海外开拓出巨大市场，成为一张面向世界的文化名片，从而带动了当地人居环境的跃升，进而促进了圆形土楼的诞生。

圆楼诞生。早年，黄汉民先生对福建土楼产生的历史根源已有揭秘，判定福建圆形土楼的根在闽南漳州已成不争的事实。"福建土楼最早出现在明嘉靖年间的漳州地区。到明万历年间，漳州的土楼已不罕见"；防御性方面，当时认为"土楼之创造不折不扣是漳州先民抗倭产物"（黄汉民先生当时认同考古学者曾五岳先生观点）；经济方面，"月港已逐渐发展成为东南沿海对外贸易中心""可见当时漳州沿海土楼兴建有雄厚的经济基础""汀州八县中，永定、上杭二县种烟最盛""盖起了许多巨大的土楼，使永定客家土楼进入全盛时期"。我们进行土楼普查时最新发现，在平和县崎岭乡南湖村，建于 1524 年的"崇庆楼"是迄今为止最早建造的福建土楼。

在早年的探索基础上，关于透过阳明心学塑造的平和县域，我们进一步得出几个最新结论：

1. 明确"福建圆楼的根在闽南漳州"的判定，进一步把圆楼起源范围缩小到漳州地区的平和县域，判定平和县是福建圆形土楼的诞生地；

2. 结合王阳明心学思想在这个特殊地域、特定历史时期在平和生根落地，随后传播至日本海岛的历史事实，推论在"人人皆可为圣贤"的平等价值观的培育下，诞生了单元式土楼空间的居住方式，同时又未舍弃中原先民门户合院式的基本居住空间组合；

3. 通过对王阳明 500 年前"平寇"的军事史实的梳理，及面对明时期海防体系与军事聚落的事实（基本等级体系有：卫所→千户百户所城→堡寨→墩台），这里有山丘、山寨驻军的演化线索可追寻（譬如在平和现存的寨里村、庄上大寨、壶嗣城、溪山寨、南山城及马堂城等地），进而修正"土楼之创造不折不扣是漳州先民抗倭产物"之单一观点；

4. 以平和五寨、南胜乡镇地域为代表，这里曾是明清闻名世界的"克拉克瓷"原产地，正如茶叶出口一样，而瓷器更是海上丝绸之路贸易的大宗，因此，当时平和有了雄厚的经济基础，为民间建造大量土楼提供了财富保障。

黄汉民先生在揭秘"圆楼之谜"时，排除其他干扰因素，提出"只能从圆楼所处地域特定的历史、地理环境中去寻找答案"，通过"与粤赣两省客家民居比较"，得出"客家土楼从方到圆的转化"及"福建圆楼的根在漳州"的结论，并进一步推演"从城堡、山寨演变到圆楼"脉络，最终得出"福建圆楼成因揭秘"的五点归纳结论。其中，科学地列出"圆楼八大优点"，基本是客观的专业精准论证；五点成因总结强调：地理环境是决定因素，对于客家人而言，从方楼到圆楼是合理过程，而圆楼的根在漳州，漳州特定的历史环境与地理环境是圆楼产生的客观土壤。

根据王阳明思想在平和的实践，及厚实经济基础的历史机遇，此时可得出三点结论：①在特定的平和县域历史与地理环境中，平和堡寨防御体系就是圆形土楼诞生的雏形，例如王阳明驻军所在的寨里村等现存的"城"或"寨"；②从阳明心学思想中可辨析出这种单元式圆楼是对传统民居建筑尊卑有序封建等级秩序的"颠覆性、革命性的变革"（黄汉民），使得圆形巨构人居建筑演化成为一种高级而稳定的形态；③《康熙平和县志》中的平和八景图及城隍庙彩绘中圆楼的首次发现，切实证明，圆形土楼在康乾盛世的平和县域已成为人们普遍的居住形态（八景图及彩绘中没出现一座方楼），从而沿着溪流往下游形成一种营造标准（如广东饶平县、福建诏安县及云霄县的圆形土楼）。

相对华夏族群各地府邸式端方院落建筑群的普遍存在，圆形土楼的人居环境是一种独特而高级状态的存在。从这个角度来说，方形土楼、土堡或庄寨的存在，是传统秩序固守的面目，而圆形土楼具有建筑学意义的创新应用。虽说福建东南沿海防御性的外在需求，形成了这种聚族而居的民居形态（土楼与土堡），但内在的多元性又实实在在地在福建方言各异的山水间，形成自身可解读的独特性。这种独特性，当属圆形土楼形态最直观地使人察觉到其中蕴藏的纯粹特质。当然，不仅仅因为它是圆的具体形式，更在于它对应着中国式的生命哲学。这种生命哲学又是阳明心学的精髓：先天的"人人皆可为圣贤"的价值平等观念是人性的再次苏醒与开敞。从此处出发，看"事上练"功夫高低，再分出个成色来，而"忠—孝"秩序图式贯穿不变（这是农耕族群生存法则）。这样的理念造就一种生生不息的人居生态时空，但又不会远离人文自然秩序：华夏族群先天稳固的血缘图谱之规定性。这也是先秦先哲所追求的一种"长治久安"的社会理想模型。

从圆形土楼巨构人居建筑形态演变生成的单行线索来看，各个环节在平和县域发育得相对比较完整。当然，这是就一种史实结果来观察一种先行的高级文化现象的可能。为什么高级？如何进入这个状态？圆形的巨大体积包裹形态，让我们到底知觉到了什么？平和县域的高级人居现象怎么直接或间接地孕育了这种圆满的包裹人的天宇尺度？面对这种追思，如今答案虽还不十分明朗，但还是可以在现象层面进行通达与解释。

在笔者研究江南明清园林时，看到宋以来的山水图产量巨大，这为我们呈现了古人生动的生活画面，甚至由此进入，探寻到之前看不到的人居空间鲜活现象。康熙年间县志中的平和八景图与九峰古镇府制城隍庙门扇彩绘图，正是这种山水人居环境的真实写照。古人舆图图式虽然没当下科学测绘的那么精准，但存有粗线条的精确定位，而且有时会有意义性的指向。相对于熟知的北方陆地山岭长城，南方沿海各县志里的海防卫所、千户、百户及墩台海防节点勾画了一个海防长城，这是明代开创者朱元璋的杰作。福建沿海是承接广东与浙江的重要一段，特别是面对闽南族群高超的海上生存本领，这里的海防更具典型性。有些舆图图式显示的重要节点，如明时期福建沿海诸多古城的卫所图，就是近似圆形形态，再比如海边各种卫所要塞的不规则弧线围合形态。这些制式卫所军事聚落，直接影响着民间堡寨的建造水准。民间效仿建造的这种堡寨是制式军事聚落的有益补充，是防御治理网络上的传递终端，也是建筑数量上的主体。福建这些土楼与土堡构成了南明王朝时期福建沿海与山区之间的一道民间防御体系。

在王阳明南赣剿匪与平定朱宸濠叛乱中，都有漳州镇海卫所官兵的得力相助。平和县霞寨镇寨里村是王阳明进攻部队曾经驻军的地方，至今原初形态依然保存完整。整个寨里村落建在一个十几米高的山丘坡地上，城防聚落顺应缓坡走势，中轴尊位布置宗祠，民居随之，边沿环周以两层夯土楼房代替"城"墙，设置四个"城"门。这显然是单元式圆形土楼的雏形（如图15）。云霄县（古为平和县域）的菜埔堡也是近似圆形平面，同样也是边沿环周以两层夯土楼房代替"城"墙，且墙外设有护城河（如图16）。还有平和大溪镇如壶般的壶嗣城周边连排夯土楼房的围合形态（如图17）。由此形态的演变，满足人们的居住安全，从而形成单元式圆形土楼是顺理成章的事情。

在康熙年间《平和县志》里收录有79座"土堡"及所属氏族（如图18），且说明："按

图15　平和霞寨镇寨里村城防聚落

图16　云霄火田镇菜埔堡城防聚落

图17　平和大溪镇壶嗣城城防聚落

图18　康熙年间《平和县志》收录的"土堡"目录

和邑环山而处，伏莽多虞，居民非土堡无以防卫，故土堡之多不可胜记，今约略附载，以存其概云"。这里"约略附载"79座，可见平和"土堡"当时规模不小。道光《平和县志》里收录"土堡"170多座，并记录："负山险阻，故村落多筑土堡，聚族而居，以自防卫。"相比其他县志，唯独《平和县志》条目"建置志"里单列"土堡"目录，同一时期其他县志均未发现此项详细记录。"堡"这个称呼至少自明以来在大江南北是约定俗成的名词，已成为官方通用名称。这是县以下自治乡土人居空间的常态，各个氏族居住界限也比较明确。明万历《漳州府志》中记载的"土堡"含有土楼。不难推论,平和这种"堡"应是康熙年间圆形土楼的主体,且是聚族而居的首选。

从山丘军事性人居环境转移到宽敞的人居台地或平地,人们追求生活的人伦安乐应是人性主题,不会总是紧张地处于防御状态。土楼生活空间的诗意属性应是最终归宿。文化的化育在生活点滴中,经过岁月的沉淀,终有美好指向。平和文化遗产的阳明心学高级状态指向什么?阳明先生一开始的营造愿景在"知行合一"成熟期是不是应该有稳妥的预期?平和县这么多纪年题刻圆形土楼规模化出现是不是偶然现象?大量宗祠、家庙的存在,古窑的兴盛,还有大量文物级别的物质遗产,这些在指向什么?难道不是指向一个人文高地现象的存在吗?且让我们聚焦在圆形土楼,走进这种土楼的"心学"圆满性。

单元式平和圆形土楼融合传统四合院空间模式,又均质化混元整一地聚族营造大型土木楼房,这是平和土楼作为一种华夏高级形态建筑的主体意义所在。平和圆形土楼质量上乘,有的内外套好几个环,有的虽小却异常精致,有的顺着山体包围成准圆形,不管什么形态,一律外部以扎实版筑夯土墙围合,而内部大门墙面一律用空斗青砖饰面,围绕着圆形共享石埕,张望着天空,屋盖下收纳着各家各户的欢声笑语。不管方形、圆形土楼,正对大门中轴线尽头总是公共性中堂空间,门口总有土地爷守门。

单元式圆形土楼有这么一个人文空间秩序划分:"大我"即大家族聚集的土楼→"小我"即楼内门户单元合院→"小小我"即楼层各蜗居"蜂房"。这种圆楼勾画出经典的血缘秩序图式,同时化解掉了空间等级严密的尊卑秩序,而家族都尊崇一个共识中心不变,同时又保留门户这个基本的夫妻组合空间单元。永定区和南靖县客家人的通廊式圆楼都没有分出门户单元空间,这正是契合了客家人在千年南迁的艰辛过程中,所形成的集体行动观念,加强了一种共生共荣生存局面,却顾不上夫妻组合基本门户的划定,这应是客家移民的一种集体生存特征。这种通廊式圆楼只是在外围用夯土厚墙围合,在内部一圈则是纯木构居住楼房,只有少数土楼增加几道纵向防火隔墙。单元式圆楼却几乎每个开间都以夯土墙进行分割并承重。看来,后者比前者花费更大,防火性能更好,稳固性更强。单元式圆形土楼虽然体积空间分割明确,但在某个楼层仍设有连廊或门洞贯穿联通各户,也有的在顶层外圈设隐通廊增强联动防御功能。

从"大我"的大门踏进中心鹅卵石或条石石埕,一种聚合性的围合方式在强烈地暗示,这是一处凝聚力非同一般的生活场所。"小我"门户不分彼此地朝向圆心,这里有水井与晒谷场。单元入户门厅的屋脊连线,只在中轴线堂屋屋檐局部抬高,土楼最高处圆形屋盖绝对统一勾画。从"小我"的门户进入,这种狭长扇形空间也分出个层次来,正好契合扇形外小内大的生活秩序:公共弹性空间共用,可大可小,在单元门户内天井后设公共堂屋,再各自设楼梯上楼,进入私密性的"小小我"卧室,每个卧室的空间可随之宽松布置,面向各户内小天井或土楼内大天井。一个进深大、外窄内宽、外公内私的严谨秩序油然而生,安排得不留一点死角。门户单元一般是两开间组合,还可以是三开间或四开间组合,满足了居住生活的灵活需求。

这种标准化、合情合理的人文生态空间分配，需要一定的操控能力，才可以达到这种圆满性。平和县域这种圆形土楼应是一种成熟标准，这些土楼的营造理念会慢慢流向周边，成为一种自觉营造的标准模式。所以，在300年前康熙年间平和八景的山水诗意人居图画里所呈现的圆形土楼，已成为当时的普遍存在。

特定的历史与地理环境具有决定性作用。土楼高级形态圆形土楼的成因之谜，能够在王阳明"平寇"与设县史实中找到文化精华的内在根源，这种活性根源始终保持一种革故鼎新、知行合一的生命力。

综上，平和县单元式圆形土楼，这种高级人居建筑形态的产生有三个明确落脚点：

1.这种单元式的圆形土楼，其居住空间呈线性沿外围均等布置的形式，正是以阳明心学"人人皆可为圣贤"自由心智理念作为潜在导向；

2.平和县域直接孕育了圆形土楼并影响周边县域，这种家族成员一律均等的聚居方式，打破了传统官式大宅尊卑有别的刚性空间分配方式，这是对传统建筑礼教次序的颠覆，是带有革命性的变革；

3.平和明末清初享誉世界的瓷器出口贸易是实现圆形土楼大量建造的厚实经济基础。

平和单元式圆形土楼相比博平岭通廊式圆形土楼，首先在空间上，平和单元式圆形土楼都是各家各户做单元式分割，具有全国汉人通用的四合院空间秩序，这种同构空间的拓补关系显然是中原文化的传承创新，同时，还有外围"楼包"之巷道空间的扩展（如图19），而博平岭土楼都是通廊式简易空间，类似现代集合住宅，外围没有"楼包"等可扩展的空间。其次，在结构上，平和单元式圆楼两开间或三开间做夯土隔墙与外围防御性夯土墙衔接，纵横之间结构更加稳定坚固；单元式纵向夯土墙可起承重作用，且能做到四层以上高度，同时兼具防火墙效果，一户着火不会殃及全楼。500年前阳明先生"平寇"期间用火攻很奏效，而遇到后来这种更智慧的土楼夯土结构恐怕就很难奏效，这应是平和军事行动后的改进版本。相较而言，博平岭土楼结构简易，建造迅速，外围采用巨型夯土墙，内部一律整齐木架结构。这适应了新中国成立后公社化时期人口暴涨现象，从而采取合作模式进行大量建造。可见，平和如此复合式居住空间与扎实的夯土技术，不但需要厚实

图19　平和单元式圆形土楼"楼包"巷道

的经济基础，还需一定的文化高度。

基于以上主体自觉的阳明心学对平和独特建筑文化的塑造，我们可以认识到主体自觉的化育操作系统始终运作在乡土建筑内生性居住空间的形成过程中。由此可得出三个相关如何看待我国传统建筑的认知结论：

1. 内生性的乡土人居环境的营建亟待这种主体自觉的阳明心学思维来切入认识；

2. 生态型的空间不仅仅是处理人与自然的客观动态平衡关系，更是要从建筑主体出发来进行一种社会生活秩序的重建，这需要建筑人文属性的深度参与；

3. 文化自信的建立要求我们必须全方位地从华夏农耕文明中萃取空间营造与建造的知识体系，从而达到切实传承与发展的目的。

执笔：范文昀

主要参考文献：

[1][明]王守仁.阳明先生集要[M].[明]施邦曜 辑评.北京：中华书局，2011.

[2][明]王阳明.传习录[M].林安梧 导读.台北：金枫出版社，1999.

[3]上海书店出版社.中国地方志集成·福建府县志辑·康熙平和县志[M].上海：上海书店出版社，2000.

[4]上海书店出版社.中国地方志集成·福建府县志辑·光绪漳州府志[M].上海：上海书店出版社，2000.

[5]蔡仁厚.王阳明哲学[M].台北：三民书局，2020.

[6]秦家懿.王阳明[M].北京：生活·读书·新知三联书店，2018.

[7]黄汉民，陈立慕.福建土楼建筑[M].福州：福建科学技术出版社，2012.

[8]谭立峰，张玉坤，尹泽凯.明代海防防御体系与军事聚落[M].北京：中国建筑工业出版社，2019.

[9]史念海.历史地理学十讲[M].武汉：长江文艺出版社，2020.

[10]吴泽龄.平和土楼.福州：海峡文艺出版社，2016.

[11]杨征.平和窑[M].福州：海峡书局，2014.

[12][法]米歇尔·福柯.知识考古学[M].谢强，马月，译.北京：生活·读书·新知三联书店，2010.

[13][英]雷蒙·威廉斯.乡村与城市[M].韩子满，刘戈，徐珊珊，译.北京：商务印书馆，2016.

[14][日]冈田武彦.王阳明大传：知行合一的心学智慧[M].杨田，冯莹莹，袁斌，孙逢明，译.重庆：重庆出版社，2020.

[15]刘继潮.游观：中国古典绘画空间本体诠释.北京：生活·读书·新知三联书店，2011.

[16]葛剑雄.中国人口发展史[M].成都：四川人民出版社，2020.

[17]顾诚.南明史[M].北京：北京日报出版社，2022.

[18]顾诚.明末农民战争史[M].北京：北京日报出版社，2022.

[19]曾五岳.漳州土楼揭秘[M].福州：福建人民出版社，2006.

[20]张山梁.一路心灯[M].福州：福建人民出版社，2020.

[21]平和县人民政府.平和之美[M].福州：海峡书局，2011.

五寨乡寨河村寨河旧楼

大溪镇峰山村凤阳楼

文峰镇文美村民居

大溪镇壶嗣村壶嗣城

考察调研村落位置示意图

三平寺

上篇

传统建筑实例

古时候的平和县域，既适于居住，又便于对外交往。虽然丘陵连绵，但从三面流出的溪流总能使得人们快速到达海岸。这些溪流两岸，特别是花山溪两岸布满土楼与屋舍，蜿蜒流经大半个平和，而其他溪流各自为政，形成了平和既封闭又开放的形胜之地。世界文学大师林语堂当年就是顺着花山溪从坂仔镇走向世界的。平和的人文土壤深不可测，想必林先生住过平和土楼，他运笔如水，终成世界级语言大师，应是这片养育先生的土地输送着源源不断的智慧。如今平和交通网络虽已打破古代水陆格局，但陆路依然大致顺着古代水路形成了四通八达的局面，而平和土楼、城寨、传统民居点缀其中，逐渐要被方盒子水泥楼房所吞噬。当下的平和人居环境是这个社会迅猛发展的典型缩影，在文化赓续中形成了巨大鸿沟。

　　由于平和的传统聚落往往是以一座或两座土楼为核心，四周"楼包"环抱像连漪一样扩展开去，所以聚落形态不像南靖与永定山区那样出现成片的土楼集群。再加上平和新盖楼房较多，大多数聚落脉络不是那么纯粹。我们在土楼普查基础上精选了一些聚落，它们大多是以土楼为核心的人居环境，外围或是"楼包"围绕，或是夯土民居点缀其中。我们所论证的土楼雏形阶段的城寨则是另一种聚落形态，它结合了城防体系与民居街坊系统，自成小世界，现已为数不多，但规模较大。

　　平和传统建筑异常丰富，其中平和土楼占据大部分，另有夯土民居的补充，还有典型闽南特色的祠堂家庙及寺庙。这些传统建筑几乎均匀地分布在平和相对分散的溪流两岸小盆地、小平原上，还有的藏在崎岖的山岭之中。根据时空分布，我们区分出平和式土楼与博平岭土楼。平和土楼具有原创性，且形态多样，工艺扎实，年代久远。由于时代变迁，年久失修，还有大量的平和土楼遗产，这部分作为亟待拯救的一流夯土技艺而被收录。此外，与邻县南靖县类似，花山溪两岸中下游多出现青红砖仿土楼建筑，这里收录了特别精彩的案例。由于土地有限，人口密集，在大溪镇与安厚镇一带有在土楼原址改建的新形态土楼聚落，这是与时俱进的一种建造现象。

　　典型闽南风格的家庙与祠堂在平和比较盛行，有的古朴沧桑静卧路边，有的修葺一新气势恢宏。同样闽南风格的平和寺庙也是非常典型，这些庙宇内部往往雕梁画栋，极尽闽南地域特色的表现，格调非同一般，特别如自古有名的三平寺与灵通岩寺，还有随处可见的开漳圣王庙。

东槐村聚落局部鸟瞰

一、传统聚落

平和传统聚落大多是以一到两个圆形土楼或一个城寨为核心形成的围合式人居环境，少有大小土楼成群成片出现的现象。譬如黄田村、东槐村及彭溪村，这种聚落里出现三个以上土楼的聚落并不多见。为了解决人口不断增长带来的居住需求，平和传统聚落以土楼为主体的"楼包"形态以扩展空间来满足需要，这也是平和地势环境所允许的范围。这里收录聚落风貌较为完好的 17 个村落，有溪流岸边小盆地上的黄田村、芦丰村，有山区半山腰的彭溪村、秀峰村及下西村，还有花山溪两岸的铜中村、文美村及宝南村等。平和共有 11 个传统村落，1 个中国历史文化名镇，1 个中国历史文化名村，1 个福建省历史文化名村。

东槐村聚落近景

芦溪镇东槐村

在平和与南靖分水岭的南面,有三个山谷交汇而相对平坦的小盆地,这里是郑氏一族落脚之地。从这里顺着溪流往西出发,就到了芦溪人烟密集的集镇,其他方向皆是崎岖丘陵,可见这是一处藏得住的风水宝地。经过数百年的经营,郑氏族群在这里建造了十来座土楼,有的比较集中,有的相对分散。其中,科山自然村聚落由四座相对集中的土楼组成,东槐村核心区的三角地带有四五座土楼,外围还有两座较大的土楼。这个聚落除了土楼之外,还有横七竖八的合院式联排民居排布其中,整体风貌保存基本完好,特别是科山自然村聚落。由于较为偏远,东槐村是平和县域难得保存相对完整的土楼聚落。

东槐村 2020 年被列入第三批省级传统村落。

东槐村聚落中景一

东槐村聚落中景二

东槐村聚落土楼巷道一

东槐村聚落土楼巷道二

芦溪镇芦丰村

芦丰村是由一圆一方两座土楼为主要建筑组合的叶氏聚落。直径巨大的圆形土楼丰作厥宁楼如同银河系里的恒星磁场一般，周边聚集了若干围合屋舍，有的大屋舍甚至还有如卫星般的小屋舍在跟随，极具动态感；北面是两排连续弧形的片断"楼包"，彼此之间形成巷道；东面紧邻两溪流交汇的河岸，古树名木参天，碧水汤汤不息；西面不远处有座古老的方形土楼隐藏其中；南面大门朝向的方向，有两三座较大四合院镶嵌其中；其余空间都被密集的夯土屋舍填满，置身其中，犹如走进巨大迷宫一般，但楼群被巨大的圆形土楼统摄在核心方向。这是芦丰村人居聚落的基本空间肌理构成。从叶氏元代来此定居，直到清康熙年间营建如此巨大圆形土楼，丰作厥宁楼盛期最多可容纳600多人，在不断扩展中，围绕这座圆形土楼从而形成叶氏临溪大聚落。

芦丰村2013年被列入第二批中国传统村落。

芦丰村聚落总平面

芦丰村聚落远景

芦丰村聚落近景一

芦丰村聚落近景二　芦丰村聚落近景三

崎岭乡彭溪村

  彭溪村坐落在海拔较高的山腰台地上，这里是平和名茶"白芽奇兰"的原产地。彭溪村是典型的山地土楼聚落，村落台地高差较大，上上下下，前后左右营造有五六栋土楼，由于空间有限，核心区何氏族群的土楼小巧玲珑，有的做成椭圆形，只有较远处曾氏在一个山包台地上建造了本村最大的圆形土楼。在石阶上下沟通的台地上，人们见缝插针式地建造了不少一层或两层的土木民居，有的合院相对独立，有的屋舍顺势沿等高线连排建造，还有的围绕圆楼做成片断"楼包"。彭溪村是平和县域唯一山地土楼群，至今保持原有风貌，可惜何氏的几座土楼弃之不用已多年，内部多处坍塌，亟待修缮保护。

彭溪村聚落椭圆土楼近景

彭溪村聚落总平面局部

彭溪村聚落远景局部

彭溪村聚落近景一

彭溪村聚落近景二

彭溪村聚落土楼山地巷道

彭溪村聚落近景三

崎岭乡下石村

在一个有溪水的小山谷中，人们自西向东营建一处有四个圆形土楼的聚落。溪流上游的北面是石氏的到凤楼，南面是林氏的中庆楼，隔岸相望；下游两栋较小的圆楼均是林氏家族的落脚点，其中有一座是最小的平和单元式土楼，小巧玲珑，有一种居家围合感。到凤楼高大正圆，中庆楼近似椭圆，二者四周都有"楼包"围绕，属中型土楼。为了扩大居住空间，人们在周边台地又建造了为数不少的土木民居。

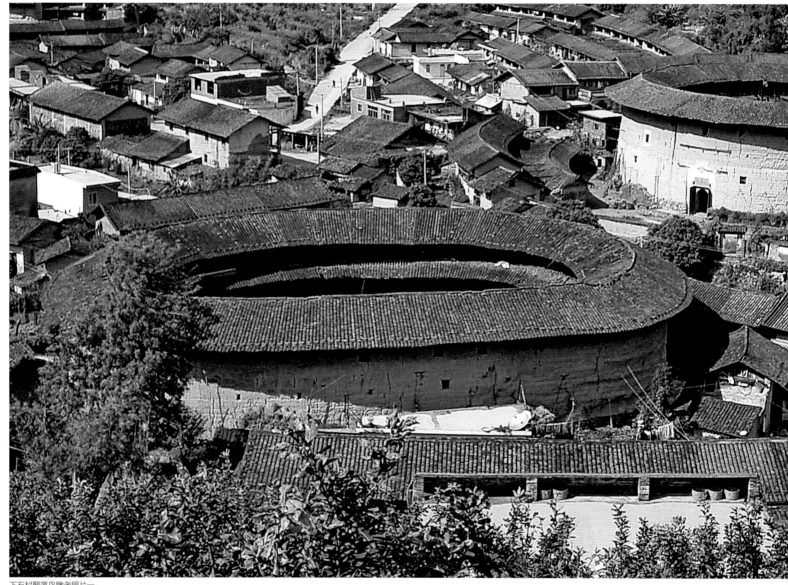

下石村聚落鸟瞰老照片一

下石村土楼聚落巷道一

下石村土楼聚落巷道二

下石村聚落院门题刻一

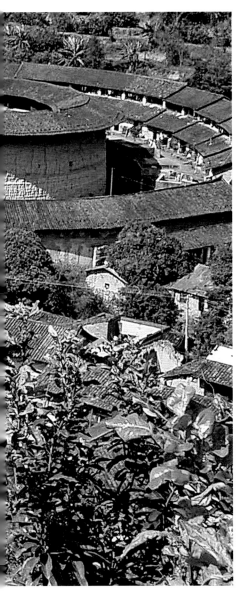

下石村聚落总平面局部

下石村聚落鸟瞰老照片二

下石村聚落院门题刻二

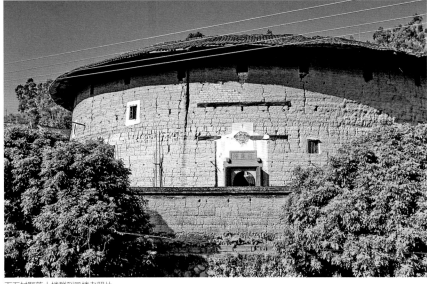

下石村聚落土楼群到凤楼老照片

南湖村聚落远景鸟瞰

崎岭乡南湖村

　　在博平岭与大芹山之间绵延丘陵的山谷盆地中，南湖村人烟密集，土楼成群，陈氏在此繁衍上百年。南湖村聚落最早营建的崇庆楼是明中期 1524 年落成的，比纪年土楼延安楼早 59 年，这是现存福建土楼中目前已知建造年代最早的方形土楼，且有明确纪年典故。离崇庆楼不远，有一座明末时期的方形土楼梅阳玉柱楼。这两座土楼外围墙夯土厚实，最厚处有两米左右。在两座楼之外，密密匝匝布满连排单元式合院夯土楼房，其间夹杂零星屋舍。在山上还有个土坑仔自然村，也是陈氏聚落，其中有座开放式的圆楼，还有等高线上营建的连排夯土楼房。这是典型的山地小聚落。

南湖村聚落核心区总平面

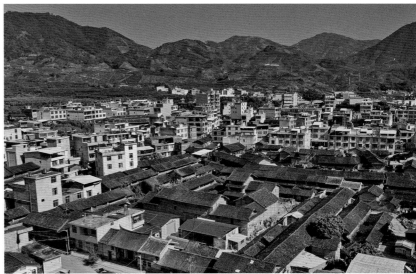

南湖村聚落中景鸟瞰

南湖村聚落近景鸟瞰

秀峰乡秀峰村百花洋

　　秀峰村有个偏远的山地聚落百花洋自然村，它属典型的高山盆地人居环境，山水环境一流。这个游氏聚落核心区以防御性较弱的准土楼为中心，在山坳坡地上随机营造，或双拼或独自在四周建造，而风水绝佳的位置留给游氏宗祠。这种准土楼实质是以单元式楼房居住空间围合，只是在开口大门位置用一层房屋围合，或布置门厅，或作厢房，这种类型在平和常见，应是和平安定时期的产物。此外，在村外山谷台地建有一栋圆楼，人们建造的时候干脆不做闭合处理。这应是新中国成立后的产物，在大溪镇与安厚镇出现较多。

秀峰村百花洋聚落山地土楼鸟瞰

秀峰村百花洋聚落山地民居鸟瞰

大松村聚落远景广角鸟瞰

大溪镇大松村

　　大松村属中大型圆形土楼群聚落，在土楼内抬头即可借景大自然的馈赠，特别是灵通岩的险峻身姿被框选在眼前，如北宋范宽《溪山行旅图》，气势逼人，俊朗英气。村中土楼相对比较分散，如今被水泥楼房隔绝，各自静守一方天空，一侧溪流川流不息，倒映着灵通岩。我们驻足在此，可遥想明末一代完人黄道周首次看见灵通岩是如何感念，好友徐霞客来拜访又是何等心情。据说，黄道周曾在山脚下村落修行讲学。尽管南明王朝当时已摇摇欲坠，在平和邑这里学风却正是盛期。

大松村聚落圆楼之一

大松村聚落圆楼之二

大松村聚落近景鸟瞰

大松村聚落中景鸟瞰

大松村聚落圆楼之三

铜中村聚落近景鸟瞰

山格镇铜中村

　　花山溪中下游一带冲积平原是福建传统建筑青红砖混合建造风格区域，一部分在南靖，一部分在平和。铜中村在平和花山溪中游沿岸，人烟密集，民居建筑密度较大，这种状况在这一带常见，可见古时这个水陆贸易通道的繁华程度。铜中村聚落肌理是围绕一个方圆相套的土楼，"楼包"在前后左右簇拥着展开，后方有两排连排楼房，周边是密密匝匝的土木屋舍。这个林氏大聚落的传统建筑一律采用红瓦屋顶，在岁月的冲刷下，屋舍历久弥新，神采奕奕。

铜中村聚落核心区总平面

铜中村聚落土楼巷道

黄井村聚落近景鸟瞰一

文峰镇黄井村

　　离花山溪不远的山谷盆地中坐落着林氏黄井村聚落，这里也是青红砖区域聚落，是由两座较大型土楼组合而成，二者相距较远。其中，德兴楼是双环相套，外加一个"楼包"，还有围绕楼体建造的独栋民居屋舍，背靠一个小山岭，如今内环已废弃为遗址，外环相对完好；另一处燕语楼夯土墙高大，外围有"楼包"，四周同样布满民居屋舍，古树名木点缀其中。

黄井村聚落圆楼之一

黄井村聚落圆楼之二

黄井村聚落近景鸟瞰二

文美村聚落近景鸟瞰一

文美村聚落核心区总平面

文峰镇文美村

　　文美村聚落是少见的没有土楼的聚落，但有两处较大的青红砖四合院民居院落。没有强大的土楼磁场，自身就会形成人居街巷肌理，其中有一条主街巷串联各个精美的青红砖民居建筑。文美村离花山溪不远，同样属青红砖区。

文美村聚落近景鸟瞰二

文美村聚落近景鸟瞰三

宝南村聚落中景局部鸟瞰

坂仔镇宝南村

　　在花山溪上游宽敞的盆地上，坂仔镇处于难得一见的平坦地带，宝南村是其中一个聚落。宝南村林氏聚落由五座土楼组成，其中三座圆楼、两座方楼，由于地势宽阔，土楼各自独立分布。竹树楼、河山楼及虎耳楼是圆楼，藏在柚子林之中，两座有"楼包"，一座没有。宝鼎金垣楼与萃英楼是方楼，在人烟密集地带，皆为相对古老风貌，其中萃英楼红砖砌筑水准较高。这里地处花山溪上游，较少采用青红砖相间的建造手法，而屋顶都是红瓦覆盖。

宝南村聚落圆楼之一

宝南村聚落远景局部鸟瞰

宝南村聚落圆楼之二

宝南村聚落圆楼之三

九峰镇黄田村

　　黄田村在古县治所在的九峰镇近郊，村内有一座都城隍殿，与城内府制的城隍庙遥相呼应。在两溪交汇的绝佳人居盆地上，黄田村的曾氏营建了7座土楼、11座家庙，文韬武略盛极一方，明时期出了一位总兵，清朝出了两位进士，还有多达21位举人。乾隆御赐"文武世家"，是当地少见的名门望族。现存七座土楼有六座集中在聚落核心区，还有一座衍庆楼在临溪上游，其中五座方楼、两座圆楼，土楼群中圆楼龙见楼最大，衍庆楼最小。这里没有出现"楼包"，只有四合院及其他连排或独栋土木民居建筑布满土楼群的间隙。

黄田村聚落中景鸟瞰

黄田村聚落远景鸟瞰

黄田村聚落总平面

黄田村聚落曾氏宗祠俯瞰

下西村聚落远景鸟瞰

九峰镇下西村

　　在高山上的小盆地里，曾氏族群营造了下西村聚落。由于在偏远的山上，下西村聚落以一个近似长方形的抹角巨大型土楼为核心，一侧紧挨一个马蹄形土楼，两旁随机分布"楼包"。其中，最大的土楼内部大坪超大，又形成一圈附属用房。这个聚落拥有高山特有的优美自然环境。

下西村聚落总平面

南胜镇龙心村

　　龙心村聚落由六座土楼组成：两座圆楼，一座后方抹圆方楼，一座半圆楼，一座四角抹圆的准方楼，一座古老的方楼夯土遗址宁胜楼。其中4座两两一组成对，另外两座相距较远。这是陈氏族群在南胜与五寨川谷上的营建，花山溪支流南胜溪穿过山川，四周相对平坦，属花山溪红瓦屋顶土楼群。

龙心村聚落土楼群之一

龙心村聚落土楼群之二

龙心村聚落土楼群鸟瞰

旧县村聚落近景鸟瞰

旧县村聚落中景鸟瞰

旧县村聚落街巷之一

旧县村聚落街巷之二

旧县村聚落局部鸟瞰

小溪镇旧县村

　　元朝时期，这里属当时南胜县北上迁址的县治（县治在如今的平和县南胜镇）所在，沿袭名为旧县。旧县村聚落靠近花山溪沿岸，属青红砖传统建筑区域，其民居建筑屋顶都是红瓦覆盖，墙体转角或墙裙采用青红砖砌筑，其他墙体用土坯砖砌筑。这个龚氏营建的聚落由两座相距较远的圆楼组成：一座保存现状较好，周边宅院围绕圆楼向四周扩展，尽管没形成"楼包"，但营建密度较大；另一座圆楼孤零零，已被近期建造的水泥楼房包围，其整体形态保存还算完好。

旧县村聚落总平面

内林村聚落近景鸟瞰

内林村聚落总平面局部

内林村聚落街巷

内林村聚落土楼内景

内林村聚落远景鸟瞰

小溪镇内林村

　　紧邻花山溪溪畔的内林村是李氏族群营建的较大规模聚落，主要由四座方形土楼及一座较大四方合院式楼房组成，属典型的花山溪区域青红砖建筑群，屋顶一律红瓦覆盖，砖墙多使用闽南特有的胭脂砖。这里是花山溪水陆商贸经济发达时期的重要节点，也是明末清初月港繁荣期其上游花山溪流域繁荣兴盛的历史见证。

庄上大寨近景鸟瞰

二、平和城寨

　　平和县域（明清时期包括邻县云霄）尚存其他地方少见的城寨聚落。这种城寨不是战乱时期躲在山顶圈起来占山为王的山寨，而是一种具有防御性的土堡。古时的大江南北，一个聚落总有核心的坚固堡寨，北方多是四方四正形态，如小城池；南方常见依据山形地势最大化利用空间的不规则形态。

　　相较而言，平和的城寨具有独特的四个特征：一是形态不规则而规模较大（如寨里村），二是里面总是围合一个完整的街巷聚落，三是外围以每家每户的夯土楼房连排围合作为寨楼（这是单元式土楼的雏形），四是中轴线的核心位置总要留给宗祠或家庙，寨墙四周设寨门楼。最为特别的是，当下这种城寨是平和式圆形土楼形态演变的初期模型，与典型的成熟期圆形土楼同时存在。这里考察了六座平和城寨，有围合一个山丘的庄上大楼，有形态似壶状的壶嗣城，有规模巨大的寨里村，有最小形态的溪山寨，有水系发达的南山城，还有至今仍有许多人居住的马堂城。

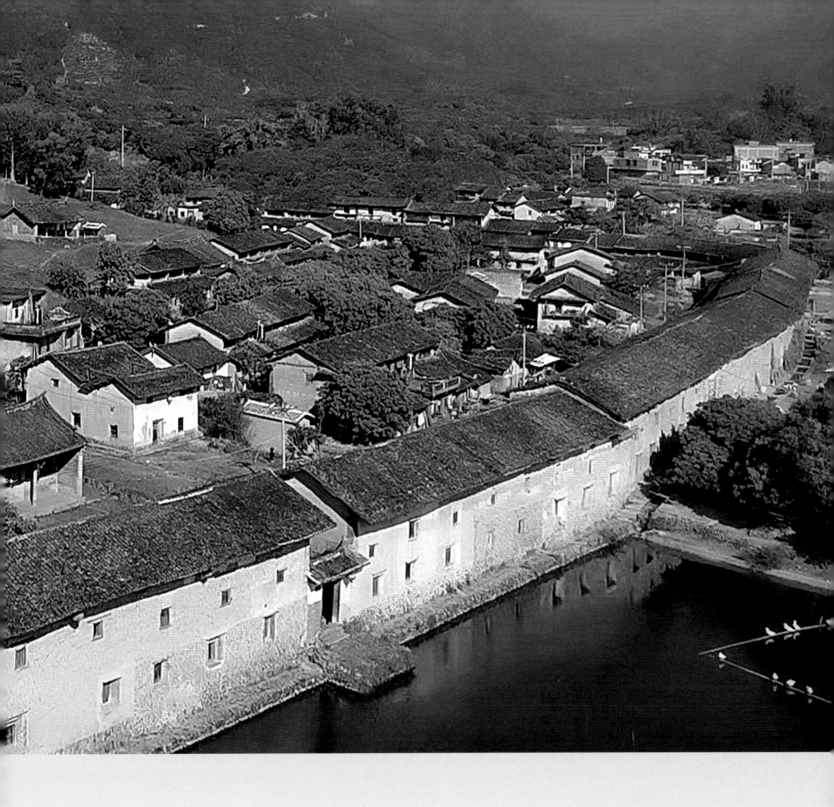

庄上大楼远景鸟瞰

大溪镇庄上大楼

　　严格来说，大溪镇庄上村的这座大楼是平和城寨类型。之所以称为楼而不是城寨，可能是庄上大楼高大连续的夯土围墙给人的印象特别深刻，但这正好说明了这是单元式圆形土楼发育期的雏形，且是接近成熟期，主要是由于其正面建造了高大的三层单元式连排围合楼房。

　　庄上大楼由叶氏族群始建于清康熙年间，它具备了平和城寨的四大特征：大楼拥有近似椭圆形的不规则巨型形态，且罕见地内含一个独立小山丘；

它不但围合山丘，且倚靠山丘建造了众多土木民居，或独栋，或连排，形成巷道；大楼外围利用每家每户的连排夯土墙围合，相比平和其他城寨连续性更强；整座大楼中轴线布置有祖庙，一侧轴线设置永思堂，且四周设有五座寨门。这是典型明末清初时期的平和城寨，远看状貌如楼宇。庄上大楼又名庄上城，其周围有四座土楼，其中两座方楼，两座圆楼。

　　庄上大楼于 2006 年被列入全国重点文物保护单位。

庄上大楼总平面

庄上大楼城门之一

庄上大楼城门之二

庄上大楼内部巷道一

庄上大楼城门之三

庄上大楼城门之四

庄上大楼局部鸟瞰

庄上大楼宗祠思永堂

庄上大楼外围单元式门户

庄上大楼城门土地庙

庄上大楼青砖门户

庄上大楼门户匾额

庄上大楼内部山丘晒谷场老照片

庄上大楼近景

庄上大楼岳钟楼内院

庄上大楼内部巷道二

庄上大楼内景

庄上大楼立面景观

大溪镇壶嗣城

　　朝向灵通山方向，壶嗣村吴氏聚落在一个缓慢的山坡上展开，其二层楼房连排围合的边界依然完整，上小下大格局，中央坐拥吴氏大宗祠报本堂。壶嗣聚落筑是个小城池，四周设有门楼，内部房屋横平竖直整齐排列，巷道四通八达，排水系统完善，形态如壶般前大后小。吴氏族群迁往台湾者众多，康熙乾隆年间最有名的是被尊为"阿里山神"的吴凤，退守台湾的蒋介石为吴凤庙题写"舍生取义"。

壶嗣城正面鸟瞰

壶嗣城总平面

嗣城外围局部门户单元一

壶嗣城石砌巷道台阶

壶嗣城鹅卵石巷道

壶嗣城外围局部门户单元二

壶嗣城城门之一

壶嗣城外部夯土墙

壶嗣城环城巷道

壶嗣城外部土坯砖墙

壶嗣城城门之二

寨里村城寨远景鸟瞰

寨里村城寨总平面

寨里村外圈的单元式楼房相连围合

寨里村城寨环寨巷道一

寨里村城寨环寨巷道二

霞寨镇寨里村

　　寨里村的城寨是明中期王阳明指挥作战驻扎军队的地方，这个城寨规模较大，是个驻军的好地方。寨里城寨聚落营建在平缓的山坡上，前低后高，四周坎线较明确，最高处坎线达四五米，最低处直接与地面相接，具备可居可守的绝佳地势环境。周氏族群的人们沿着坡势边界线，以单元式住户楼房相连围合构成城寨的"城墙"，四周设寨门楼，内部顺着坡势横向错落营造合院或楼房或屋舍，街巷四通八达，中央雍容坐落一周氏大宗祠。

寨里村城寨近景鸟瞰

寨里村城寨宗祠

城寨寨门门厅

寨里村城寨寨门题刻一

寨里村城寨寨门题刻二

寨里村城寨寨门门楼

溪山寨溪畔近景鸟瞰

溪山寨总平面

溪山寨内部宗祠

溪山寨近景局部

文峰镇文洋村溪山寨

　　溪山寨坐落在花山溪支流溪畔，这是一座近似圆形的小城寨，这种形态显然已接近发育为单元式圆形土楼，但还不是典型的平和式土楼。溪山寨外围完全以连续的二层楼房围合作为寨墙，每家每户对内开门，寨内形成环周街巷。在正对大门轴线上建造本族大宗祠，在一侧门正前方设庙宇，而寨内横向排列两三行屋舍。可见，溪山寨主要居住空间沿外围布置，它与平和式圆形土楼的居住空间布局已接近一致。

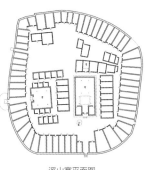

溪山寨平面图

溪山寨环寨巷道组图

溪山寨外部夯土墙　　　　　溪山寨环寨巷道　　　　　溪山寨寨门之一　　　　　溪山寨寨门之二

溪山寨中轴祠堂鸟瞰

南山城近景鸟瞰

小溪镇城内南山城（天岳培基）

在花山溪畔坐落一座近似矩形的城寨，其四周水系发达，正前方拥有一汪碧绿湖面。这座城南山城的正门镌刻"天岳培基"四个遒劲大字的楼名，三开间大楼门，楼门立面花岗岩大门框四方四正，内套一个拱券门洞，气派非凡，显然是与平和土楼大门相同的建造风格。南山城城寨聚落营建在平缓的坡地上，四面一律二层楼房围合，内部大多横向营造四合院或独栋楼房，街巷宽大整洁，修缮保护较好。

南山城总平面

南山城环城巷道一

南山城环城巷道二

南山城内部宗祠景观

南山城城门门楼

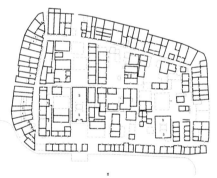

南山城平面图

南山城建筑细部　南山城城门

南山城侧门

南山城内部巷道

马堂城近景鸟瞰

安厚镇双马村马堂城

离灵通岩不远就是双马村马堂城聚落，其周边大大小小的池塘包围着整个聚落，聚落内建筑在较高的山坡上密集排布。马堂城城寨四周呈围合形态，如今边界虽然已模糊，有的沿边界盖了一排排水泥楼房，但是城寨特征依然存在，特别是各处门楼健全，城内横七竖八的街巷交织其中。马堂城人居密度很大，基本都是二层楼房密集纵横排列。

马堂城总平面

马堂城城门组图

马堂城内巷道与门厅组图

马堂城远景鸟瞰

绳武楼侧立面

三、平和土楼

　　据我们最新普查结果，平和现存福建土楼 342 座，其中圆楼 227 座，方楼 103 座，其他不规则土楼 12 座。平和土楼是平和传统建筑的主体，在全县域均匀分布。相比博平岭土楼，平和式土楼特征明显：1. 平和县土楼以圆形为主；2. 平和土楼不管圆形或方形都是单元式组合门户；3. 平和土楼周边基本都带有称作"楼包"的扩展居住空间；4. 平和土楼平面组合类型异常丰富；5. 现存平和土楼的石刻楼匾上多半都有明确纪年。这里选取经典的文物土楼 26 座，普遍性的一般土楼 14 座，花山溪流域的青砖红砖土楼 3 座，还对土楼夯土遗产进行了拣选，列出经典残垣断壁土楼 9 座，及土楼夯土文化遗产 19 座，最后罗列 6 个新形态土楼社区，这些是在原有圆形土楼各家各户的宅基上新建的砖石结构楼房围合而成的圆形建筑。

文物土楼

蕉路绳武楼

绳武楼俗称"美女楼",楼门匾上题刻名称"绳武楼",源自《诗经·大雅·下武》:"昭兹来许,绳其祖武",意为追随先祖,继往开来。这是一座有明确纪年的土楼,楼匾刻有"光绪元年"(1875),楼龄将近150年。绳武楼坐落在芦溪镇蕉路村芦溪溪畔,是经典的单元式与通廊式相结合的三层圆楼,各个单元门户大多以两开间组合,独立楼梯上下,共24个开间组合为12个独立门户单元,仅第三层设内通廊贯通全楼,每个开间分割墙墙头用青砖饰面,并镶嵌各式各样的青砖及灰塑装饰。楼内石埕用砾石平整铺砌,各个门户单元以青砖饰面,每个楼层门扇、窗扇中保存有约700处不同的精美木雕,还有彩绘、泥塑、壁画上百处。绳武楼是福建土楼里内部装饰最为华美的一座单元式圆形土楼。

绳武楼于2001年被列入全国重点文物保护单位。

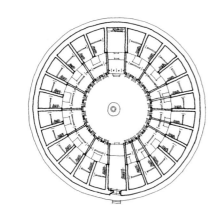

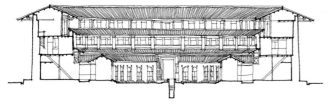

绳武楼手绘组图(黄汉民绘)

绳武楼祖堂轴线透视

绳武楼侧面鸟瞰

绳武楼正面鸟瞰

绳武楼楼外广场及夯土墙

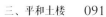

绳武楼内院立面片断

绳武楼楼门

绳武楼鹅卵石门道

绳武楼内院情景

绳武楼二层透视

绳武楼内院透视

绳武楼内院单元立面局部

绳武楼祖堂

绳武楼门户拱券大门　　　　绳武楼楼梯细部　　　　　　　　绳武楼内墙饰面细部

绳武楼单元隔墙槏头装饰组图

绳武楼造型各异的木雕装饰组图

新桥延安楼

延安楼位于小溪镇新桥村，它是福建土楼中现存有明确石刻纪年的最早土楼，至今保存较为完整，楼匾上题刻"万历癸未"（1583），土楼为三层方楼，面向花山溪，临溪而建，风水位置极佳。万历年间正是花山溪商贸兴盛时期，也是大兴土木时期，这座土楼应是其中的典型代表。楼龄400多年的延安楼依然保持明代风采，夯土外墙斑驳沧桑，适宜防御的斗型窗镶嵌其中，居住方式为单元式。最为特别的是延安楼的楼门，在方圆花岗岩楼门外套一个仿木石牌坊仪式门框，三开间展开，仿造木构架，起翘石屋顶简洁大方，梁柱榫卯结合严密，做工精良；门顶横梁浅雕石门簪，之上镶嵌楼匾，阴刻遒劲楷书"延安楼"，左右两侧隐约浮雕刻两幅士大夫行旅图，图画简约且富有神韵，散发着明代的文化气息，实属难得。这是福建土楼中采用石牌坊作为大门装饰的孤例。

延安楼楼门石刻纪年楼匾

延安楼内景局部

延安楼拱券大门

延安楼细部组图

延安楼现状总平面

延安楼夯土墙

延安楼石造牌坊式楼门

环溪楼近景鸟瞰

东风环溪楼

　　坂仔镇东风村的环溪楼是福建土楼中外围"楼包"规模最大的圆形土楼。环溪楼坐落在花山溪中游的冲积平原上，由于地势宽阔，溪流环绕，经济条件优越，曾氏族群建造了这座典型的平和式圆形土楼。环溪楼楼门外方内圆花岗岩砌筑，简洁大方，两侧是石刻楹联，楼匾镶嵌在正中顶部，并刻有楼名与纪年"嘉庆丁丑初春"，楼龄200年。进入环溪楼核心主楼，楼内院满铺花岗岩条石，铺砌工艺严丝合缝；其平面是大进深单元式门户组合，26个开间组合成12个门户单元，还有居中三开间组合的议事大堂及一开间的入口门厅，环周总共30个开间；每个门户单元自成一体，有独立的楼梯上下，在第三层设内通廊，将相互独立的单元又连成一体。环溪楼外"楼包"有三圈的围合，第一层几乎包围主体土楼，第二、第三形成弧形片断，每个"楼包"都以单元式门户组合，各个"楼包"之间形成巷道，在巷道口设有花岗岩条石栅栏门。

　　环溪楼于2013年被列入县级文物保护单位。

环溪楼鸟瞰

环溪楼楼门

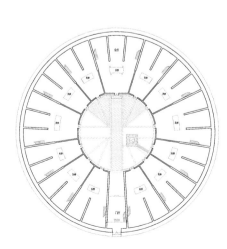

环溪楼底层平面

环溪楼石埕内景

环溪楼"楼包"巷道

环溪楼"楼包"巷道右侧栅栏

环溪楼祖堂内部

环溪楼"楼包"巷道左侧栅栏

环溪楼各单元入户石雕门簪及窗花组图

村东清溪楼

在花山溪上游源头的山谷盆地上，较大型的清溪楼赫然矗立，这是一座拥有完整"楼包"的单元式内通廊圆楼。大坪黄氏（西爽楼蔡仁公房）十四世祖燕贻公于清乾隆四年（1739）择地开基创建了这座圆楼，这一时期正是平和式圆形土楼建造的高峰期。清溪楼明三层暗四层，环周共36个开间，开间进深16米，一个、两个或三个开间组合成大小不同的19个单元门户，其中包含三开间的合院式祖堂，以及一开间门厅；每个门户各自设置楼梯上下，三楼内侧设置内通廊，四楼隔墙靠外侧开门洞，形成外围防御性通廊，对外设置射击窗洞；楼内石埕以鹅卵石满铺，左右各有一口圆眼水井，太阳光照进内院形成的阴影在石埕上勾画出一幅生动的太极图，这极有可能是营造者有意为之的高明设计。

清溪楼楼门

清溪楼正立面

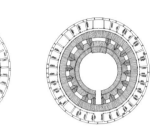

溪楼局部　　　　　　　　　　清溪楼"楼包"巷道　　　　　清溪楼二楼通廊透视　　　　清溪楼内院石埕

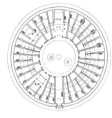

清溪楼手绘组图（黄汉民绘）

清溪楼三楼通廊透视

清溪楼远景鸟瞰

清溪楼大门入口通道

清溪楼三楼通廊一

清溪楼单元空间内景

清溪楼单元空间厅堂饰面一

清溪楼单元空间厅堂内景

清溪楼单元空间厅堂饰面二

清溪楼三楼通廊二

清溪楼四楼内窗

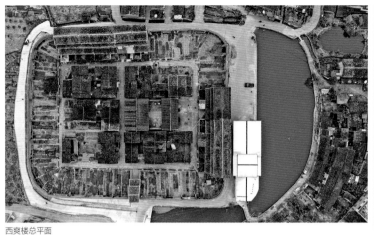

西爽楼总平面

西爽楼鸟瞰

西爽楼楼门

西安西爽楼

　　在离清溪楼所在村东村不远的西安村花山溪上游溪畔盆地，坐落一座巨型方形土楼西爽楼。这座土楼既有典型单元式土楼的空间组合门户，又如同城寨格局一般，内部包含整齐的三纵两横六组院落式祠堂建筑群，人居空间都演化到周边。黄氏西爽楼单元式楼房高三层，呈四角抹圆形态，有多达 65 个独门独户单个开间的单元式门户，面宽 86 米，进深 94 米，设一个大门及两侧侧门。西爽楼始建于清顺治六年（南明永历三年，1649 年），至今楼龄已 370 多年，当时正是平和式单元式土楼建造的盛期。目前，西爽楼仅留祠堂建筑及两段单元式楼房，周边已坍塌殆尽。从 20 年前拍摄的老照片中可窥见这座福建土楼中最大方形土楼当年壮观的场景。

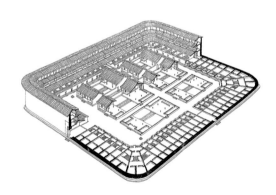

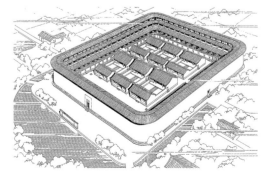

西爽楼手绘组图（黄汉民绘）

西爽楼正面老照片

西爽楼内宗祠

西爽楼宗祠内院

西爽楼内院老照片

西爽楼内门户及巷道老照片组图

西爽楼内部巷道老照片

西爽楼楼门内侧老照片

西爽楼内巷道老照片

祥和楼侧立面鸟瞰

南湖祥和楼

　　文风兴盛的崎岭乡南湖村有座明确纪年的圆楼，楼匾题刻"乾隆丁未"（1787），刻有楼名"祥和楼"，楼龄已200多年，至今保存完整，夯土墙未有修补痕迹，外墙面斑驳中透着坚实稳固。祥和楼是曾氏族群建造的杰作，楼高三层，第二层设封闭内通廊，第三层开放内通廊，每三开间组合一个门户单元，每个单元各自设楼梯沟通上下，门厅设公共楼梯，共有 8 个单元门户，1 个祖堂，1个门厅，总 28 个开间。楼内门户及门厅门面一律青砖饰面，石埕内院满铺鹅卵石，简易整洁，做工考究。

祥和楼总平面

祥和楼楼门

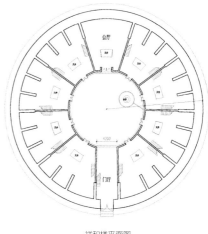

祥和楼平面图

祥和楼晒秋内景鸟瞰（李润南摄）

祥和楼门户青砖饰面

祥和楼夯土墙

祥和楼纪年题刻

祥和楼楼门门厅

龙见楼近景鸟瞰

黄田龙见楼

　　龙见楼是九峰镇黄田村土楼群中最大的一座，是一座大型的典型单元式圆楼。在曾氏黄田村聚落的核心位置，庞然大物龙见楼面朝东南方位，楼高三层，局部年久倒塌，仅存两层，显示出单元式布局土楼特有的形态特征。走进不太显眼的楼门，楼内辐射状的石埕阔然眼前，聚焦楼心位置，似有巨大的能量聚集，置身圆心，由于合适的反射声距离，说话声音带有明显的回响。龙见楼始建于康熙年间，外径长达 82 米，共有 50 个开间，组合了大小 38 个单元门户，一个三开间祖堂，一开间的入楼门厅；其中有 8 个两开间组合的门户单元，其余都是一间的单元，单元平面呈扇形，其入口最窄处不足两米，单元进深 22 米。楼内院有三口水井，全楼盛时曾居住 50 户 100 多人。

　　龙见楼于 2018 年入选为省级文物保护单位。

龙见楼总平面

龙见楼楼门

龙见楼单元门户

龙见楼内院三眼水井

龙见楼外观透视

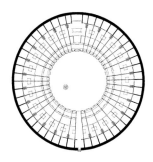

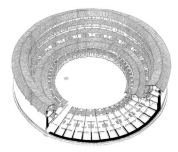

龙见楼手绘组图（黄汉民绘）

龙见楼门户情景老照片

龙见楼大坪晒粮情景

龙见楼局部鸟瞰

龙见楼侧立面

龙见楼夯土墙

龙见楼门户单元一

龙见楼门户单元二

龙见楼细部组图

龙见楼单元楼内空间组图

龙见楼生活情景俯瞰老照片

新塘保安楼

在花山溪支流南胜溪上游的五寨乡新塘村考塘聚落，有一幢至今保存古老风貌的方形土楼，其形态在后方做抹圆处理，两层高度，外墙抹灰，面宽 17 米，进深 22 米，属中型土楼。保安楼始建于清咸丰年间，形态已演变为土楼，但在风格刻画中依然隐约保留四合院手法：入口高大门楼门厅，以"凹"状序列空间起始，厚实花岗岩门框镶嵌两对大门簪，套一个拱券门洞；跨入大门，穿过门厅，院落满铺花岗岩条石，中轴正对祖堂；居中的祖堂为独立院落，设格调不凡的门厅；屋顶前低后高，叠落出高低秩序。这座方形土楼是马蹄形土楼向典型方楼演变的产物，做工一流，整体保存完整。

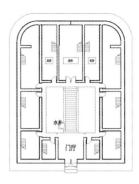

保安楼平面图

保安楼正面鸟瞰

保安楼背面夯土墙抹圆角

保安楼侧面鸟瞰

保安楼大门

保安楼祖堂

保安楼细部组图

保安楼全景透视

保安楼祖堂大门

六成楼总平面

六成楼楼门门厅

六成楼大门

六成楼单元门户独立楼梯

六成楼正面鸟瞰

高坑六成楼

　　在花山溪上游，陈氏六成楼坐落在国强乡高坑村聚落，地处溪畔的冲积盆地上，面向西南坐拥绝佳的风水宝地，是这个聚落唯一的中大型单元式圆楼，楼高三层，在第三层设内通廊，共 32 开间，其中 28 个开间两两成对组成 14 个门户单元，还有一开间的门厅与三开间组合的祖堂合院。楼内石埕满铺鹅卵石，设一水井，楼体外径 23 米，单元门户进深 14 米。楼门是平和式土楼标准的外方内圆拱的花岗石门框，两枚门簪镶嵌在石造横梁上，上部楼匾阴刻"六成楼"，并有明确的石刻纪年"道光廿四年甲辰四月二六"，至今楼龄近 180 年，整体保存完整，夯土工艺扎实。楼内祖堂屋脊装饰着闽南特有的绚烂剪粘饰品，这是福建土楼中罕见的华丽祖堂。

　　六成楼 2013 年被列入县级文物保护单位。

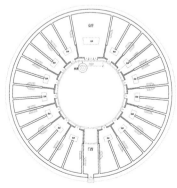

六成楼平面图

六成楼远景鸟瞰

六成楼侧面鸟瞰

六成楼内景俯瞰

六成楼二楼通廊

六成楼居住单元一层户门

六成楼祖堂正面

六成楼内院鸟瞰

敦洋楼楼门门厅

义路敦洋楼

　　这座四角抹圆的经典方楼位处离南胜镇区不远的盆地上。敦洋楼楼匾题刻"清乾隆五十七年壬午仲春告立"，楼龄达 230 年，至今保存完好。杨氏族群在新楼村义路聚落建造的这座敦洋楼独处一方，前方设一半圆形水塘，后方有"楼包"，楼高三层；楼内石埕满铺鹅卵石，内部木构外观两层，内设夹层，最高层设内通廊；总 12 个单元门户，四角门户较大，门户内无天井，进深较浅；中轴线上分别设门厅与祖堂，内部抬梁式木构架硕大，木梁雕刻精美大气，用料扎实，属上乘木构工艺。敦洋楼外墙一律白灰抹面，经历 200 年的风吹雨打，露出的斑驳夯土墙依然坚固如初。

敦洋楼平面图

敦洋楼远景鸟瞰

敦洋楼夯土墙抹圆转角

敦洋楼内景透视

敦洋楼正立面景观

敦洋楼木构架细部组图

植璧楼正立面

植璧楼楼门

植璧楼"楼包"对望主楼

蕉路植璧楼

　　在距绳武楼不远的芦溪镇蕉路村石壁角聚落，坐落着一座有奇特"楼包"的植璧楼。植璧楼背靠小山岭，面朝芦溪，后方"楼包"围绕主楼半圈后，顺着山势直接甩出一个长长的尾巴，使得土楼整体呈现一种动态气势，且增加了相当多的居住面积。植璧楼与周边"楼包"都是单元式门户，主楼三层，"楼包"两层，圆楼楼内有 20 个开间，其中 18 个开间设 18 个独立门户单元，其余两个为门厅和祖堂；第三层设内通廊，除了各自门户有独立楼梯之外，门厅旁另设一公共楼梯；每个单元之间的纵向隔墙十分厚实，且在榫头用青砖饰面，在墙头做精美灰塑与彩绘，手法简洁大方，令满楼熠熠生辉。楼门两侧楹联题写："植桂培兰发越时异香满路，璧圆珠润交辉处瑞色盈门"。

　　植璧楼 2013 年被列入县级文物保护单位。

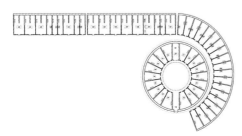

植璧楼平面图

植璧楼近景鸟瞰

植璧楼总平面

植璧楼生活内景

植璧楼祖堂内景

植璧楼"楼包"巷道

植璧楼内景俯瞰

植璧楼三层通廊一　　　　　　　　植璧楼三层通廊二

植璧楼装饰细部一　　　　植璧楼装饰细部二　　　　植璧楼装饰细部三

溪春楼近景鸟瞰

东槐溪春楼

　　东槐科山村是平和县域为数不多的土楼群聚落，位处与南靖临界的芦溪流域东部山谷较大盆地中，其中的圆楼溪春楼保存完好，与一侧的方楼紧邻，一方一圆，相映生辉，珠联璧合。郑氏族群营造的溪春楼内外建造工艺一流，高三层，总共 20 个开间，其中三开间组合成祖堂，一开间做门厅，其余两两组合成 8 个单元门户，门户全部以青砖饰面，围成一圈，拱券户门连续不断。楼内院满铺鹅卵石，门厅设有公共楼梯，各户独自设楼梯上下，第三层以内通廊贯通，形成公有空间与私有空间的立体转换。这种在顶层设置的内通廊是平和单元式圆形土楼的标配。

溪春楼远景透视

溪春楼楼门

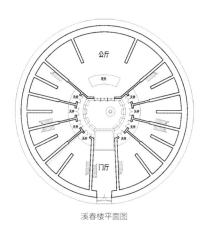

溪春楼平面图

溪春楼巷道外景

溪春楼正立面

溪春楼三层通廊之一

溪春楼鹅卵石高墙脚

溪春楼三层通廊之二

溪春楼内景之一

溪春楼门道

溪春楼门户

溪春楼祖堂

溪春楼内景之二

溪春楼内景之三

东槐聚德楼

　　在东槐科山村溪春楼的右后方，场地相对较低的小溪畔，郑氏建了座方形的聚德楼，它与前方的溪春楼规模都不太大，但工艺一脉相承，简洁而扎实，历久弥新。这是一座有明确纪年的土楼，楼匾石刻"道光壬寅年"（1842），至今楼龄已有170年。聚德楼高两层，第二层设内通廊，楼内外满铺鹅卵石，楼内院立面全部以青砖饰面，砌砖工艺一流；楼内总共14个开间，祖堂前院突出石埕，构成较大合院，占据少半个土楼内院，使得楼内空间丰富而有层次。

聚德楼平面图

聚德楼楼门

聚德楼二层通廊

聚德楼近景鸟瞰

聚德楼门厅

聚德楼转角门户

聚德楼二层通廊一

聚德楼内景一

聚德楼内景二

聚德楼二层通廊二

聚德楼祖堂　聚德楼二层通廊三

凤阳楼正立面

凤阳楼楼门

凤阳楼祖堂

凤阳楼鸟瞰

峰山凤阳楼

　　大溪镇峰山村坎头聚落就是一座大型椭圆形土楼凤阳楼，这座楼位处灵通岩南麓，坐西北朝东南，背靠山岭，在一处高差较大的坡地上营建。凤阳楼顺着坡势由上而下层叠围合，正前方设月池水塘，与土楼形态完美融合。楼内中轴线中央设合院式吴氏祖堂及护厝，四周以单元式门户整齐围合，单元门户门面一律以青红砖饰面。

凤阳楼近景鸟瞰一

凤阳楼青砖饰面门户

凤阳楼近景鸟瞰二

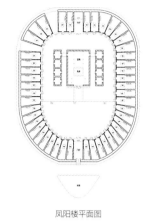

凤阳楼平面图

凤阳楼红砖饰面门户　凤阳楼楼内生活情景

凤阳楼内院转角处户门一

凤阳楼内院转角处户门二

双马鄂华楼

张氏鄂华楼位处安厚镇双马村顶新楼聚落，是一座较大型的单元式圆楼，楼高三层，外径51米，环周32个开间，其中28个开间是单开间门户单元，祖堂三开间，门厅一开间，二、三层以封闭式内通廊贯通。楼内院满铺鹅卵石，楼门为花岗岩条石，方框套拱券大门，楼匾题刻"鄂华楼"三字，字体遒劲有力，门簪上阳刻"诗礼传家"做装饰，做工一流，人文气息浓厚。

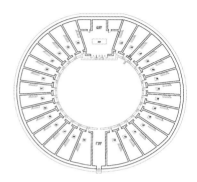

鄂华楼平面图

鄂华楼楼内情景

鄂华楼近景鸟瞰

鄂华楼总平面

鄂华楼二、三层细部

鄂华楼局部鸟瞰

鄂华楼外部夯土墙

鄂华楼门簪与楼匾

鄂华楼室内青砖饰面

卓立鸿江楼正立面鸟瞰

江寨卓立鸿江楼

　　江寨卓立鸿江楼位处大溪镇江寨村卓墩聚落，背靠山岭，坐北朝南，前方后圆呈马蹄形，属较大型土楼。楼内环周总共 32 开间，单元式门户，方型转角空间隔断别致；楼内外满铺鹅卵石，以乱石砌筑高墙基，斑驳夯土外墙，整体古朴，无纪年，原建三层现存两层，应是江氏族群于清早期建造。卓立鸿江楼前方设月池，与土楼前方后圆形态融合形成近似圆形形态，后方建造两圈"楼包"，人居空间规模较大。

卓立鸿江楼总平面

卓立鸿江楼楼门

卓立鸿江楼外墙

卓立鸿江楼水井

卓立鸿江楼楼门细部

卓立鸿江楼门户

卓立鸿江楼门厅

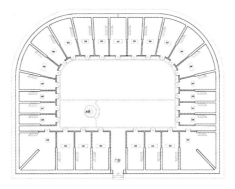

卓立鸿江楼平面图

新村成德楼

　　成德楼坐落在芦溪支流上游溪畔的山谷盆地中，位处芦溪镇新村村新楼聚落，楼匾题刻纪年"民国三十年岁次辛巳吉旦"，至今保存完整，建有"楼包"，是单元式圆楼在成熟期的典型，外径50米，属较大型圆楼。楼高三层，环周总共28开间，其中26开间组合成24个门户单元（其中有两两开间组合为两个门户），每户设有独立天井与楼梯，第三层设内通廊。楼门用坚固花岗岩砌筑，工艺精湛，典型方圆形态相套组合，门楣方正，门簪既有阴刻装饰又有结构承托作用；大门两侧刻有楹联"成己成人聚庄建乡呈幸福，德门德业齐家积善作新民"，含义富有儒家心学、理学思想，人文气息浓厚。

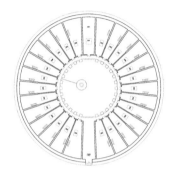

成德楼平面图

成德楼正面鸟瞰

成德楼楼门

成德楼门户

成德楼夯土墙

成德楼门户单元

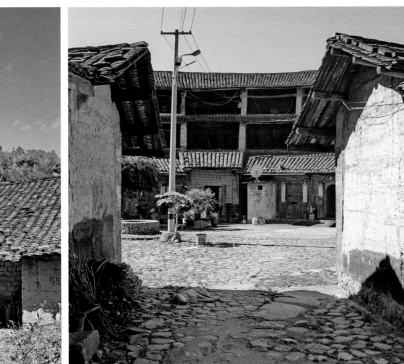

成德楼门道

成德楼水井

崎阳拱秀楼近景鸟瞰

崎阳拱秀楼前院大门

崎阳拱秀楼巷道

崎阳拱秀楼石埕内院

崎阳拱秀楼总平面

崎阳拱秀楼楼门

东槐崎阳拱秀楼

　　东槐村土楼群中有座较大型的三层圆楼，周边环绕"楼包"，规模不小，一座楼就是一个人居聚落，它就是东槐新寨自然村聚落的崎阳拱秀楼。平和式土楼与博平岭土楼的不同不仅在于内部的通廊式与单元式，更在于土楼聚落形态的巨大差别，前者总是如恒星与行星的关系，总有个无限环绕的动态卫星围着一个核心的不变圆心，而后者博平岭地域客家人的一栋土楼就是一栋土楼，不外乎再建造一座类似的罢了，从而形成多中心的土楼群。崎阳拱秀楼就是典型的较大规模的平和式土楼，这种类型的土楼分布在平和县域往下各个溪流的辐射领地上。新寨自然村聚落的崎阳拱秀楼高三层，总开间 30 个，组合成 28 个门户单元，1 个祖堂，1 个门厅，二、三层以内通廊贯通，夯土墙高大，每户单元有独立天井与楼梯，周边环绕着"楼包"，在小盆地上根据人口多少再不断扩展，且都是单元式丰富居住空间的布局。

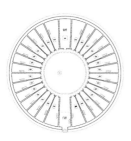

崎阳拱秀楼平面图

崎阳拱秀楼远景鸟瞰

东风薰南楼

在从坂仔镇穿流而过的花山溪冲积平原上，星罗棋布地分布十来个方圆土楼，薰南楼是其中一座建造较早、文物价值较大的典型圆楼。"薰南"名号出自柳永的《笛家弄》"草薰南陌"诗句，富有书香之气。薰南楼是有明确纪年的圆形土楼，石楼匾题刻"嘉庆丁丑年（1817）"，至今楼龄达 200 多年，楼内院满铺花岗岩条石，中轴线设计甬道，四周满布条石如八卦图般围绕，铺砌得严丝合缝，实属罕见。走进薰南楼，每个门户单元一律青砖饰面，局部镶嵌红砖，青红相间熠熠生辉；大楼门厅与祖堂梁架结构扎实，用料硕大，雕梁画栋，很是气派；楼高原有三层，后降为两层，总共 36 开间，大多是三开间组合单元，各居住单元及门厅、祖堂都设有独立天井与楼梯；楼门尺度硕大，用较大青石条构筑，方框圆拱，方圆相套，简洁大方。楼匾题刻道劲大字"薰南楼"，并落款题记；楼门楹联书写"嶂列屏开石阙祥云依卦极，风和日暖天炉宝气焕南山"，并落款"赐进士第吏部观政年姻家第何子祥顿首拜题"，书香门第之风扑面而来。

薰南楼 2006 年被列入省级文物保护单位。

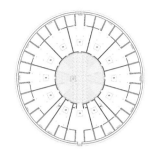

薰南楼平面图

薰南楼正立面鸟瞰

南楼总平面

薰南楼楼门

薰南楼祖堂工艺

薰南楼水井

薰南楼檩头细部

薰南楼门厅梁架雕饰

薰南楼门户及石埕

聚奎楼楼门

聚奎楼近景鸟瞰

福塘聚奎楼

在丘陵连绵的秀峰乡，"S"形溪流穿过福塘村，圆楼聚奎楼坐落在溪流拐弯处的背科聚落，与圆楼南阳楼隔岸对望，形成天然八卦图形布局。这处杨氏家族营造的聚奎楼相对较大，紧邻溪流选址一处"五星聚奎"宝地，寓意万象更新，文人辈出。聚奎楼楼匾纪年"民国丙子年"（1936），楼门采用平和流行的标准方圆相套花岗岩门框，镶嵌一对刻有印章的门簪；走进楼内，楼内院满铺鹅卵石，楼心设一口圆形清澈水井；楼高三层，总共26开间，每三开间组合，共形成8个合院式大门户单元，祖堂与门厅各占一开间；门户单元均以青砖饰面，窗户均刻有楹联，人文气息浓厚。楼门楹联藏头楼名："聚族于斯和气一团安乐土，奎星所照灵光万古萃高楼"。

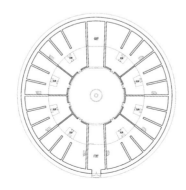
聚奎楼平面图

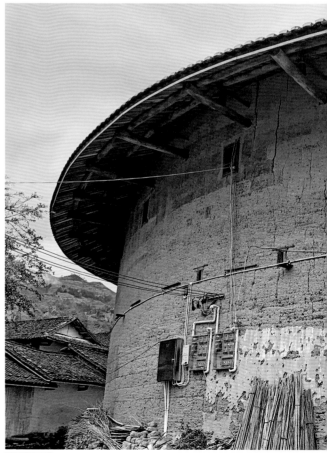
聚奎楼夯土墙

聚奎楼内景

迎薰楼正立面俯瞰

白叶迎薰楼

　　张氏族群营造的迎薰楼在国强乡白叶村迎薰聚落，离灵通岩山脉不远，发源自灵通岩的溪流从楼前经过。迎薰楼是圆形三层土楼，夯土墙比较古老，族谱记载张氏翼山公在康熙五十年（1711）始建，楼龄有 300 年，是平和土楼建造盛期的产物。楼门用罕见的青石砌筑，方形大门框内套拱券门洞。楼内环周 26 开间，分隔成 24 个均等的单开间门户单元，第三层设内通廊，内院满铺鹅卵石。

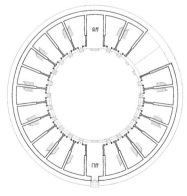

迎薰楼平面图

迎薰楼远景鸟瞰

迎薰楼楼门

迎薰楼内景

联辉楼正立面

联辉楼内景

联辉楼水井一角

联辉楼门户正面

黄田联辉楼

　　联辉楼是一座典型的单元式小型方楼，坐落在大型圆楼龙见楼左前方，是黄田村聚落土楼群中较小的一座。与平和县域流行的方圆相套大门不同，联辉楼是方形门框内套方形门洞做法，用整条花岗岩条石砌筑，简洁大方；楼高两层，第二层以封闭式内通廊贯通；楼内平面呈精巧矩形，门户单元平面布局组合多样，特别是前部两个转角合院门户的平面布局别致而丰富；单元门户一律以青砖饰面，楼内院满铺鹅卵石。

联辉楼平面图

联辉楼近景鸟瞰

南溪楼近景鸟瞰

南湖南溪楼

　　崎岭乡南湖村南坡聚落是曾氏族群的落脚地，这里建造了一座纪年的圆形土楼南溪楼，楼匾题刻"乾隆乙酉年"（1765），至今楼龄有200多年，当时正是平和式土楼发展的盛期。南溪楼从内到外，建造工艺扎实，用料硕大。楼门采用小型矩形石材拼成方圆相套门框，楼匾阳刻"南溪楼"三个大字；楼内石埕满铺鹅卵石，环周24开间，一个开间一个单元组合了20个门户单元，门户大门院墙一圈用青砖饰面，第二、第三层设内通廊；祖堂为三开间合院，以"大厝起"格局营造，木构架硕大，雕梁画栋，工艺一流。

　　南溪楼于2018年被列入省级文物保护单位。

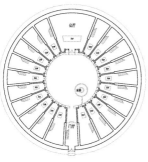

南溪楼平面图

南溪楼祖堂内景

南溪楼楼匾

南溪楼梁架雕饰

南溪楼二楼通廊

南溪楼内景透视

钟腾朝阳楼

　　霞寨镇钟腾村的黄氏在高处台地上建造一方一圆土楼，其中朝阳楼是现存罕见的完整闭合的双环圆楼，内外两环楼高两层，都是单元式组合居住空间。朝阳楼顺着坡势，在核心隆起的位置含有内环圆楼，外环与内环之间形成闭合巷道；两层楼门，层层深入，楼内外夯土墙以青砖包裹，结实又美观；外环屋顶逐段错落升高，顺着坡势呈现逐渐高升形态。内环平面有17开间，外环平面有26开间，每开间设一门户单元，独立楼梯，独门独户。外楼门楼匾题刻"世大夫第"，纪年"乾隆庚戌年吉旦"；内楼门楼匾题刻"朝阳楼"，落款"乾隆辛丑科钦点榜眼黄国梁立"，朝阳楼楼龄至今200多年。

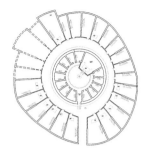

朝阳楼平面图

朝阳楼总平面

朝阳楼一重楼门

朝阳楼二重楼门

朝阳楼前院情景

朝阳楼近景俯瞰

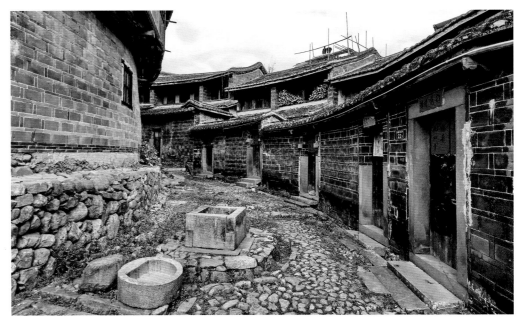

朝阳楼"楼包"巷道

朝阳楼祖堂内景一

朝阳楼祖堂内景二

朝阳楼旗杆石

朝阳楼内环内景

余庆楼近景鸟瞰

余庆楼总平面

余庆楼楼门

余庆楼内景

余庆楼夯土墙与土坯砖

钟腾余庆楼

　　在霞寨镇钟腾村，离山丘上的朝阳楼不远，有一处称作后坪的平地上，黄氏营造了余庆楼。这是一座四角抹圆的方楼，清嘉庆年间建造，楼高三层，坐北朝南，楼前设一月池，楼内院满铺鹅卵石石埕；总共38开间，组合成20个多样的门户单元，有三开间祖堂与一开间门厅，无内通廊。

余庆楼平面图

奎壁联辉楼总平面

奎壁联辉楼内景一

奎壁联辉楼门户

奎壁联辉楼红砖墙

奎壁联辉楼内景二

奎壁联辉楼祖堂

村东奎壁联辉楼

奎壁联辉楼地处花山溪上游盆地，与清溪楼同在一个聚落。这是一座四角抹圆的方楼，后方建造大型"楼包"，前半部分二层，后半部分三层，轴线中央设一合院式祖堂，这是马蹄形土楼形态演变不彻底的产物。楼内满铺鹅卵石，祖堂与后排门户立面均装饰青砖，其余左右住户门饰面采用闽南胭脂砖，青红砖搭配，在其他土楼少见。

壁联辉楼内景全景

嚼明楼内景借景灵通岩

一般土楼

▌大松嚼明楼

　　叶氏族群在灵通岩山脚下营建这处大松村聚落，其中嚼明楼建在溪边，离灵通岩最近，从楼内推开门可见巨大陆峭山峰，甚是壮观，这是借景手法的最好诠释。嚼明楼是较大的圆形土楼，外径35米，楼高两层，环周29开间，每开间住一户人家，系简易的单元式，无天井，无内通廊，石埕宽敞，满铺鹅卵石。

觷明楼近景鸟瞰

崇庆楼楼门老照片一（陈元波摄）

南湖崇庆楼

　　在崎岭乡南湖村聚落的核心位置，陈氏族群于明中期建造一座崇庆楼，楼龄已有 500 年。这是一座大型二层单元式双围方楼，外围在后方抹圆，内围长宽为 50 米 ×46 米，接近正方形。由于年代久远，楼体仅存明时期方圆相套花岗岩门框，方形大门框内套一个拱券门洞，三段式建造，简洁精美，石造工艺高超；门楣正上方阳刻牡丹花卉，楼匾题刻正楷"崇庆楼"三个大字，饰以绿色；两侧分别镶嵌石板，分别有两对梅花鹿与仙鹤浮雕，以祥云、古松、翠竹衬托，画面富有神韵。崇庆楼是福建土楼中已知有明确史料记载建造年代最早的土楼。陈氏族谱里明确记载了族人陈伟营建的典故，同时可与其他文献相互印证：

崇庆楼修缮后楼门

崇庆楼楼门老照片二（陈元波摄）

崇庆楼修缮前夯土墙（陈元波摄）

崇庆楼修缮前鸟瞰（陈元波摄）

崇庆楼修缮前夯土墙墙基（陈元波摄）

明正德元年（1506），皇诏科举殿试，陈伟以《安邦定国》中二甲一名进士，进翰林院庶常馆任庶吉士；明正德八年（1513）陈伟奉旨修建金陵避暑山庄"崇美阁"，任造建总金事，第二年"崇美阁"竣工落成，皇帝御赐陈伟黄金一千两，白银十万两，回乡祭祖一年；明正德十二年（1517），都察院左都御史王守仁（平和之父王阳明）拜访陈伟，并推荐陈伟赴河头大洋陂建造平和县堂；明正德十五年（1520）在南湖地带择定阁府地于石坡墩乾方，动工营建崇庆楼，历时4年，于明嘉靖三年（1524）落成；阁府之造，陈伟均仿皇都避暑山庄崇美阁，奉皇帝御赐建楼阁之旨意，命名为"崇庆楼"。

淮阳楼近景鸟瞰

江寨淮阳楼

　　淮阳楼是马蹄形土楼的典型，位于大溪镇江寨村，坐西北朝东南，两侧设门，无大门。这类土楼都是利用坡地建造，前大后小，逐层升高，特别讲究的是人们在祖堂后方做了隆起的石砌"化胎"。这座马蹄形聚族而居的江氏土楼，长宽各百米，是全围合式的具有一定防御性的人居聚落，轴线中央坐拥合院式大祖堂，两侧配有护厝。马蹄形环楼总共 92 开间，院内有两口水井。楼外环绕有"楼包"，内外都是单元式门户组合。

淮阳楼正面鸟瞰

淮阳楼环楼路径

淮阳楼内隆起的化胎鹅卵石铺砌

3楼总平面

淮阳楼楼门

淮阳楼原住民

梅阳玊柱楼近景鸟瞰

梅阳玊柱楼总平面

梅阳玊柱楼楼门

梅阳玊柱楼厚度两米的夯土墙

梅阳玊柱楼夯土外墙

南湖梅阳玊柱楼

    林氏的梅阳玊柱楼在南湖村聚落中心，离崇庆楼不远，周边密集分布单元式连排民居。梅阳玊柱楼外墙夯土扎实，下部厚度达 2.4 米，年代久远，墙面斑驳沧桑。这是较大型的单元式双围合两层方楼，长宽为 73 米 ×81 米，应是明后期所建；大门与崇庆楼风格相似，建造工艺稍逊一筹。楼外于轴线中央设高大门楼一座，三开间木构架，悬挂匾额"玉楼春"，气度非凡。

阳玉柱楼巷道

梅阳玉柱楼前院门楼

梅阳玉柱楼门厅

梅阳玉柱楼石砌高墙脚

彩凤楼近景鸟瞰

宜盆彩凤楼

由于人口密集，大溪镇大量分布比较简易的圆形土楼，这类土楼一般都是两层，单元式门户，无内通廊，无天井，留有门厅，单元进深最多8米，这处吴氏宜盆村聚落的彩凤楼就是其中之一。彩凤楼是中型的单元式二层圆楼，外径35米，楼前设月池，外围环绕"楼包"。楼门上书写落款"民国三十八年二月"。

彩凤楼远景鸟瞰

彩凤楼"楼包"巷道

彩凤楼题写楼匾

宜盆龙船楼

在灵通岩山麓，宜盆村聚落的陈氏族群建造了一座不规则的土楼龙船楼，与彩凤楼相邻。龙船楼受地块限制，形态围合成扁长形，对角线最长达 63 米，一半三层高，一半两层高，在土楼内院可见远处壮美的灵通岩，如同矗立在眼前。

龙船楼题写楼匾

龙船楼夯土墙

龙船楼内景

龙船楼近景鸟瞰

霞阳楼近景鸟瞰

霞阳楼总平面

霞阳楼楼门

霞阳楼内景

霞阳楼局部景观

下村霞阳楼

　　陈氏霞阳楼位处大溪镇下村村，在灵通岩山麓西面，倚靠着耸立如盆景的小山峰。这是新中国成立后所建的较大型单元式三层圆楼，共有 30 个开间，外围设"楼包"，外径 48 米。

下村无名楼屋顶修缮　　　　　　　　　　　　　下村无名楼内景

下村无名楼

　　由于离灵通岩非常近，这里聚集的三座土楼群均拥有极佳的对景人居环境。这座下村村的无名楼是其中最高的三层圆楼，属中型土楼，外径 32 米，无楼门，为浅进深单元门户，是陈氏于新中国成立后所建。

村无名楼近景鸟瞰

合溪溪背楼

　　在九峰溪上游溪流回转的台地上，陈氏族群营造一处溪背楼，背对溪流上游，面朝溪流下游，故名"溪背"。这座土楼是马蹄形或交椅型夯土民居演变而来的形态，后方马蹄形半圆，前方笔直围合，再设月池与楼体融合圆润，正前方设大门，两侧另有侧门，中央坐落合院式祖堂与完整护厝，长宽均达 84 米。这是平和式土楼多样性的典型性实物见证。

溪背楼内院鸟瞰

溪背楼内景

溪背楼近景局部

溪背楼鸟瞰

阳光楼近景鸟瞰

阳光楼总平面

阳光楼"楼包"巷道

阳光楼外景

彭溪阳光楼

　　崎岭乡何氏彭溪村是山地土楼群聚落，圆楼居多，阳光楼就是其中建在最高处的一座。由于居住用地有限，彭溪村土楼偏小巧，而这座圆楼在高处独处，相对较大，外径 22 米。阳光楼倚山势而建，特别是后方的"楼包"立在高处台地，与圆楼之间形成山地台阶巷道，从巷道高处向下望去，田野风光尽收眼底。

下楼近景鸟瞰

彭溪下楼

由于彭溪村是山地土楼群聚落，何氏族群在这个平和
"白芽奇兰"的产茶山岭，见缝插针地建造了若干小型土
楼，彭溪下楼是临溪最低处的一座椭圆形土楼。这座精巧
的单元式土楼高三层，环周共16开间，第三层设内通廊；
外围夯土墙扎实，后方台地围合"楼包"，正面大门紧邻
溪岸，楼内空间小巧而温馨，可惜年久失修，多处屋顶坍
塌漏雨。

下楼总平面

下楼楼门

下楼夯土墙细部

下楼楼外情景

大芹大洋楼

平和式土楼是典型的一楼一聚落，特别是在高山地带。大芹山是平和县域海拔最高的独立山脉，大多水系发源于此，山脉多出现褶皱里的小盆地与台地，在这些盆地与台地上，一般都是围绕一个圆楼营造，一圈两圈的"楼包"必不可少，这在康熙《平和县志》中的八景图《大芹山》主题里早已出现。这座大洋聚落的圆形土楼就是300多年前县志八景的实物见证。在大芹山东面山腰，大洋楼顺着山势缓坡建造，屋顶参差叠落，外围两圈"楼包"，内部设置独立祖堂，这在平和式典型圆楼里比较罕见，明显借鉴了马蹄形或围龙屋建筑形态，从而形成祠堂中心型土楼。

大洋楼总平面

大洋楼近景鸟瞰

大洋楼远景鸟瞰

村坑无名楼二楼通廊俯瞰

村坑无名楼

　　这是李氏族群在芦溪镇村坑村许坑聚落建造的精巧圆楼，楼外环绕"楼包"，楼高两层，第二层设内通廊，门厅有公共楼梯沟通上下。环周总共 16 开间，每间为一个门户单元，进深 10 米，户内拥有一小天井，门户墙面以青砖饰面。这座普通的中小型带"楼包"圆楼应是平和县域多数圆楼的代表，该楼建于清光绪年间，至今保存完好。

村坑无名楼"楼包"巷道

村坑无名楼水井

村坑无名楼楼内情景

福庆楼楼门　　　　　　　　　　福庆楼二层通廊　　　　　　　　　　福庆楼内院一角

福庆楼内景俯瞰　　　　　　　　　福庆楼门道

蕉路福庆楼

　　在芦溪镇郊外的蕉路村有不少土楼，福庆楼是其中一座最普通的方楼，系新中国成立后所建，现在改建为土楼民宿，保留原汁原味土楼生活方式。叶氏福庆楼前方后圆，楼高两层，第二层设内通廊，为单元式带天井门户，单元进深 12 米。

福庆楼正面鸟瞰

青红砖土楼

文美薇水朝宗楼

　　平和花山溪下游两岸多出现青红砖土楼，在花山溪支流文峰溪的溪畔，坐落一座精美的青红砖与夯土结合的通廊式圆形土楼薇水朝宗楼。这座薇水朝宗楼外墙先以河卵石垒砌高墙脚，然后用红砖加固饰面，之上就是裸露夯土。楼高两层，屋顶为青红瓦相间铺设，大门采用石框大方门，整体建造工艺一流；楼外后方倚山势设"楼包"，为合院式弧线连排，墙体用青红砖间隔砌筑，异常精美。楼内第二层设内通廊，一层窗下墙与二层栏杆都用红砖饰面砌筑，在阳光下灿烂非凡。这座楼是张氏始建于清乾隆年间的，当时正是花山溪商贸流通的鼎盛期。

薇水朝宗楼总平面

薇水朝宗楼楼门

薇水朝宗楼近景鸟瞰

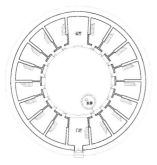

薇水朝宗楼平面图

薇水朝宗楼正面鸟瞰

薇水朝宗楼红砖外墙

薇水朝宗楼内景

薇水朝宗楼"楼包"山墙

薇水朝宗楼外墙工艺

薇水朝宗楼"楼包"巷道

薇水朝宗楼梁架雕饰

薇水朝宗楼二楼通廊外观

薇水朝宗楼通廊木格栅

薇水朝宗楼二楼通廊内景

铜中挹爽楼

在山格镇花山溪溪畔的铜中村，这里自古商贸发达，人烟密集，成就一处密度极高的聚落。铜中村聚落中心正是这座双环土楼挹爽楼，在核心营建一环小巧圆楼，外围套一个完整封闭的前方后圆方楼，这个方圆相套的单元式土楼是罕见的孤例。挹爽楼周边夯土民居密密匝匝蔓延开来，人们在花山溪"S"形拐弯的风水宝地选址安家。挹爽楼有双重楼门，双环之间形成巷道，核心圆楼外墙部分用红砖砌筑，屋顶青红瓦相间铺就；圆楼环周共12开间，进深7米，每个单元小巧而功能齐全。

挹爽楼内环外墙

挹爽楼内外环对望

挹爽楼近景鸟瞰

揖爽楼巷道一　　　　　　揖爽楼内环通廊　　　　　　揖爽楼外墙细部　　　　　　揖爽楼门户二楼

揖爽楼巷道二

揖爽楼侧面鸟瞰

黄井上峰慎德楼

　　张氏单元式慎德楼坐落在花山溪支流黄井溪上游山谷尽端，这是一座纯粹青砖砌筑的圆形仿土楼，除了隔墙使用夯土墙外，内外主要用青砖砌筑，特别是密实砌筑的青砖外墙，由于无需遮护墙体，没有一般土楼那样的大出檐，只是简洁地以青红砖叠涩收边处理，显得异常坚实硬朗。楼大门用大块条石砌筑，方形石框门套一个大拱券石门，挑出两枚硕大门簪，门楣之上的青砖墙体内镶嵌整块花岗岩楼匾，楼匾上题刻纪年"乾隆巳卯"（1795），楼龄至今220多年。楼内环周总共24开间，二、三层设内通廊，石砌墙基高2.4米；一层设置射击孔，二层对外设条石直棂窗，第三层窗户较大，有的窗框用红砖勾边。慎德楼整体如堡垒般坚固，这是平和县境内唯一较完整的纯青砖圆形仿土楼。

慎德楼近景俯瞰

慎德楼总平面

慎德楼青砖砌墙工艺

慎德楼拱券楼门

慎德楼内景

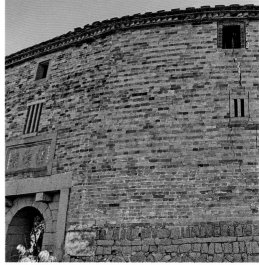

慎德楼青砖外墙

经典残垣断壁土楼

寨河旧楼

在五寨乡一带多出现红砂三合土夯筑的坚实土楼，这种夯土技术营造的土楼固若金汤，是福建土楼夯土技艺的巅峰，寨河村的旧楼实质是一座土楼小城池。寨河旧楼对于当地人来说也是个谜团，据说这种只留坚实夯土围墙的状况已很久远。

楼体呈双环围合，楼心是四角方楼，边长20米，高度四层，东面设一正门，用石条做方门框，做工简洁而考究，阳刻精致门簪两枚。外围是四角抹圆的方楼，长宽为60米×50米，高三层，四角抹圆顺滑优美；正门朝北，在东向炮楼一侧设侧门，整体规模较大，夯土如生铁，内围方楼墙面布满夯土小洞，夯土颗粒不易脱落，在上百年风吹日晒下，虽斑驳沧桑，但仍然光彩如初，坚如磐石。旧楼外围四个边正中都设有向外凸出的炮楼，墙面四处镶嵌石造射击孔，内围楼心四周同样也有射击孔，全楼射击孔总共有57个之多，防御性极强。寨河村聚落附近有丰富的瓷土，山岭布满上百个烧瓷窑址，在明末清初大量出口世界闻名的"克拉克瓷"。寨河旧楼土楼遗址是其辉煌时期的见证。

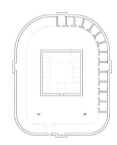

旧楼平面图

旧楼总平面

旧楼外围炮楼

旧楼楼心夯土墙

旧楼近景鸟瞰

旧楼楼心正立面

旧楼内外土楼之间的巷道

旧楼楼心俯瞰

旧楼侧门

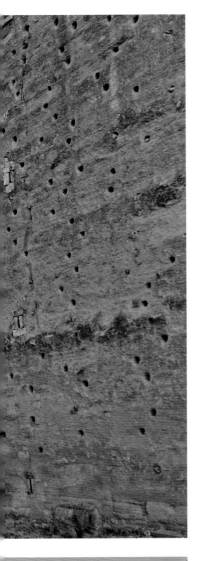

旧楼楼心前院现状

旧楼楼心夯土墙工艺

旧楼外环三层夯土墙四角抹圆

旧楼楼心门簪

旧楼射击孔一

旧楼射击孔二

旧楼射击孔三

旧楼内外环楼之间的巷道

旧楼外环楼门

旧楼楼心楼门

旧楼楼心残留的夯土墙内景

楼楼心夯土墙局部　　　　　旧楼外围突出的炮楼　　　　旧楼侧面炮楼俯瞰

思永楼总平面

思永楼内外环后方巷道

思永楼近景俯瞰

埔坪思永楼

　　五寨乡埔坪村聚落倚靠山岭建有一座双环方形单元式土楼思永楼，这是一座红砂土夯筑的"回"字形土楼，林氏题刻楼匾纪年"雍正五年丁未"（1727），楼龄至今近 300 年，使用红砂三合土夯筑，异常坚固。思永楼外楼前方后圆，楼高三层，长宽为 41.3 米 ×52 米，设一个大门与两侧小门，总共 26 开间，墙厚 1 米；楼心方楼高四层，边长为 17.8 米 ×18.1 米，第二、第三层设内通廊；楼体整体夯土基本完整，外楼墙脚用花岗岩砌筑，内部大量使用花岗岩条石铺设台阶与地面，内外墙面布满窗洞，并镶嵌石造窗框与窗楹。楼内有楹联："逆水龙来吾大显，入怀案使我快心"。这种用硬朗的红砂三合土夯筑的平和土楼在古代五寨乡比较流行，作为夯土技艺文化的最高水平，应该受到应有的重视与保护。

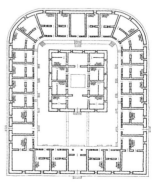

思永楼平面图

思永楼侧面老照片

思永楼正门

思永楼外环楼墙基遗址

思永楼侧门门厅

思永楼大门厅内侧

思永楼侧门

思永楼心俯瞰

思永楼正面鸟瞰

思永楼楼心老照片

思永楼侧面局部

思永楼外环门户单元

思永楼内外环间巷道

思永楼檐口叠涩　思永楼石砌射击孔　　　　　　　思永楼花岗岩窗户　　　　　　思永楼楼心大门

思永楼楼心夯土墙工艺

思永楼楼心内景

思永楼外墙

宁胜楼近景鸟瞰

龙心宁胜楼

　　南胜镇龙心村聚落土楼群比较分散，这座宁胜楼独处在山岗高处，目前人去楼空，只留一圈斑驳沧桑的夯土墙诉说昔日的辉煌。从夯土遗址判断，宁胜楼是方形三层土楼，坚实夯土墙依然棱角分明，花岗岩小窗户整齐镶嵌，花岗岩块石高墙脚依然坚固，方圆相套的条石大门完整无缺，门楣之上的夯土墙里镶嵌楼匾，楼匾上隐约可见题刻"宁胜楼"。这处残垣断壁土楼是三合土夯土的典型。

宁胜楼总平面

宁胜楼楼门

宁胜楼楼匾

宁胜楼石砌高墙脚

宁胜楼转角夯土工艺

宁胜楼内土地庙

宁胜楼正立面俯瞰

宁胜楼夯土墙一角

宁胜楼内夯土墙

丰作厥宁楼远景鸟瞰

丰作厥宁楼总平面

丰作厥宁楼楼门

丰作厥宁楼内院近景俯瞰

芦丰丰作厥宁楼

在芦溪一处两溪交汇的回转小盆地上，面朝溪流，叶氏选址营建巨大的单元式圆形土楼丰作厥宁楼，它始建于清康熙年间，楼龄至今 300 余年。圆楼后方围合大型"楼包"，大门前方与溪岸形成门前广场，左侧设合院式祖堂，右侧原为赌场，广场古树名木相伴，一派欣欣向荣景象。楼门是典型的方圆相套大门，以大条石砌筑，古朴而简洁；楼内满铺鹅卵石石埕，院内设一三眼大水井，楼高四层，拥有 56 个开间，每个开间就是一个门户单元，门户入门最窄处仅一米多，进深长达 24 米，夯土外墙最厚处两米，外径 76 米，是典型的单元式圆形土楼。楼内户门连续排列如蜂巢般，一律青砖饰面，甚是壮观，可惜的是厥宁楼曾遭遇多次火灾与水患，外围楼包大部分倒塌。近年又有连续的八开间遭火灾，过火后仅留高大夯土墙，其他门户单元仍然有人居住。这是最早被介绍到海外的巨型圆楼，早在 1909 年就出现在由香港寄往美国的明信片上。

丰作厥宁楼于 1988 年被列入县级文物保护单位。

丰作厥宁楼后方鸟瞰

丰作厥宁楼老照片组图

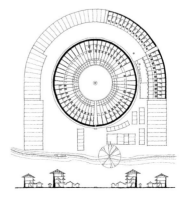

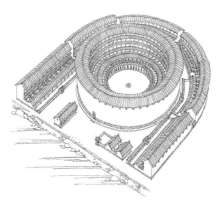

丰作厥宁楼手绘图组图（黄汉民绘）

丰作厥宁楼门户单元内景

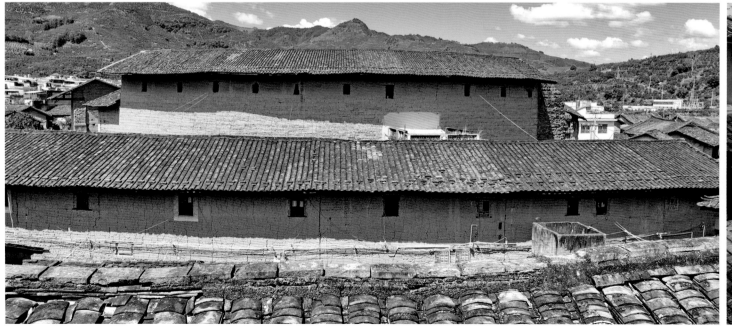

丰作厥宁楼夯土墙

丰作厥宁楼近景局部一

丰作厥宁楼内院鸟瞰

丰作厥宁楼近景局部二

丰作厥宁楼四层单元门户

丰作厥宁楼内院中水井石制拼接井盖老照片

丰作厥宁楼内院水井俯视

龙山盘珠楼

    盘珠楼独处于溪畔一处高地，现仅留一圈圆形夯土墙，岌岌可危；楼高四层，墙面层层斑驳，二、三层外墙体以石砌高墙脚与顺滑抹灰保护，第二、第四层墙内镶嵌整齐排列的花岗岩窗户，依然可见昔日的规模与辉煌。这种湮灭土楼在平和县域不在少数，作为一种土楼夯土文化遗产亟待拯救，这是难得的巨型夯土古迹，是先辈开疆拓土，在这片热土扎根生活的实物见证，应做原汁原味加固保护，但不一定要复原，可做创新性活化利用，或作聚落家族的活动中心，或作纪念性的土楼开放场所，以供后辈追忆，让人居文化得到切实延续。

盘珠楼近景鸟瞰一

珠楼总平面

盘珠楼夯土工艺

盘珠楼楼门

盘珠楼夯土工艺一

盘珠楼夯土工艺二

盘珠楼近景鸟瞰二

盘珠楼夯土工艺三

赤楼正面俯瞰

赤楼总平面

赤楼侧面俯瞰

优美赤楼

　　由于外墙夯土为赤色，故取名"赤楼"。庄氏赤楼早已废弃，现用作牛圈，但整体依然完整，只是屋顶局部破败不堪。这是一座方形单元式三层高土楼，长宽为 26 米 X24 米，后方主楼略高于其他三面楼房，内部围合墙体皆采用夯土夯筑。赤楼应是有一半经过夯土重修，一半赤色为原有夯土，其夯土墙面布满圆洞，这是古老夯土搭建脚手架遗留的建造痕迹。这与寨河旧楼、埔坪思永楼及龙心宁胜楼的建造方式一脉相承。

赤楼内景一

赤楼内景二

詠春楼近景俯瞰

黄田詠春楼

　　九峰镇黄田村是远近闻名的中心聚落，其土楼群具有一定规模，詠春楼是其中为数不多的方形土楼。詠春楼局部单元门户年久失修，局部坍塌，其他单元仍有人居住。这座前方后圆的曾氏方楼，楼高三层，内院石埕满铺条石；楼内总共 36 开间，组合为 14 个门户单元，还有一间的门厅与三开间的祖堂，楼内从公共内院到半公共小院，再进入私家小天井，空间层次丰富。楼门为典型的花岗岩方圆相套条石砌筑大门，门楣上方楼匾左右两侧阳刻石造画像，古拙而有韵味，楼匾题刻"詠春楼"，落款"乾隆庚寅夏月"，楼龄至今 250 多年；另一侧落款"谭尚忠书"，谭尚忠系乾隆十六年（1751）的进士，这体现出平和明清文人群体相互题刻的风尚，可见曾氏家族当时的显赫地位。

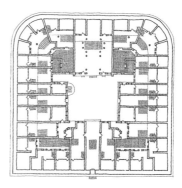

詠春楼平面图

春楼总平面

詠春楼楼圖題刻紀年

詠春楼楼門

詠春楼内景俯瞰

詠春楼红砖门户

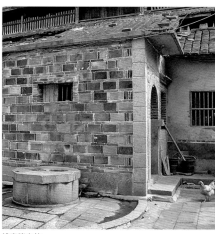

詠春楼水井

詠春楼夯土墙

詠春楼青红砖花窗

詠春楼单元式形态

詠春楼门户天井一

詠春楼门户天井二

詠春楼二层走廊

詠春楼门户楼梯

詠春楼转角门户半公共小院

黄井燕语楼

　　这座林氏建造的圆形土楼燕语楼位于文峰镇黄井村聚落，是三层的单元式较大型土楼，外径37米，现今已废弃不用，导致内部木构体系与夯土隔墙基本坍塌。燕语楼外围夯土墙依然坚固，斑驳肌理墙面扑面而来，采用典型平和式方圆相套花岗岩大门。类似这样的平和式圆楼还有不少，这种废弃土楼作为活化利用的对象极为合适，这也是拯救土楼文化的当代使命要求。

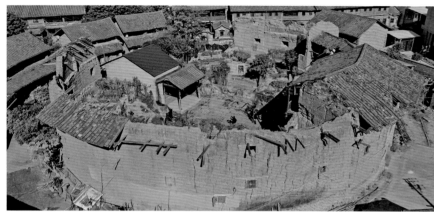
燕语楼侧面鸟瞰一

燕语楼侧面鸟瞰二

燕语楼夯土工艺一

燕语楼夯土工艺二

燕语楼夯土工艺三

燕语楼夯土工艺四

南湖无名楼

　　南湖村是当地的中心聚落，拥有不少土楼。这座土楼已废弃很久，楼名无从问起。这座圆形土楼规模高大，内部改作菜畦，仍以单元式房基分割菜地，局部保留部分单元式四层楼房。裸露的夯土墙仍扎实可靠，常年风吹雨打之下，顶部墙头已薄如刀刃，依旧挺立。

南湖无名楼俯瞰

惠阳楼总平面

惠阳楼楼门

惠阳楼鸟瞰

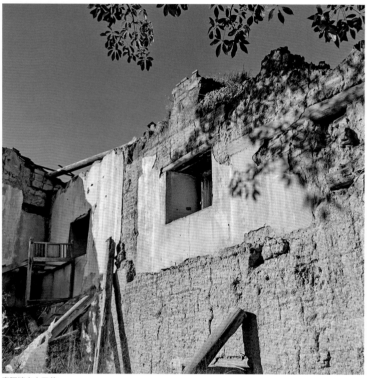

惠阳楼夯土工艺一

土楼夯土文化遗产

东坑惠阳楼

这一组土楼是平和土楼的遗存主体，尽管形态、工艺、规模及保存状况比较一般，但作为典型土楼文化遗产，对其进行系统观察、记录与整理，是非常有必要的。这是相关中国传统建筑文化根脉的一次有益梳理。

坂仔镇东坑村聚落在花山溪与南胜溪汇流处不远的小平原上，村里的惠阳楼是叶氏族群在清时期所建，属较大型单元式二层前方后圆方楼，长宽为 47 米 ×47 米；楼门为方圆相套的花岗岩大门，大坪满铺地砖，楼门前有半圆泮池，楼后三面以长排"楼包"围合。惠阳楼已被遗弃日久，内院长满树木，前后仅留残墙，斑驳与裂缝的墙面见证着一个家族的居住史。

惠阳楼夯土工艺二

惠阳楼内景

俟门河阳楼

　　五寨乡多出现特别坚固的夯土土楼，以方楼居多，而河阳楼是少见的圆楼，且内外墙都是以夯土构筑，用木料极少。河阳楼是庄氏于清末民国时期营建的，为单元式土楼，高度三层，外围有完整"楼包"，外径28米，三合土夯筑，质量上乘，墙面布满支撑脚手架的孔洞。这座圆楼现今基本废弃，前方门楼坍塌敞开，仅留6间完整单元，残墙上部如瓷碗边缘，薄而弯曲，至今屹立不倒，夯土技艺不一般。

河阳楼夯土工艺一

河阳楼总平面

河阳楼夯土工艺二

河阳楼近景俯瞰

河阳楼夯土工艺三

河阳楼内景特写

南山楼近景俯瞰

新南南山楼

　　在崎岭乡崎岖山岭溪谷靠山一侧，有座较大的圆形土楼南山楼，坐北朝南，在高处面向溪流。
新南村聚落曾氏族群在清早期始建南山楼，它是罕见的四层高的单元式圆楼，外径 41 米，第三层设
内通廊，现已废弃，残留十来间土木楼房，其余仅留残墙，残墙夯土肌理异常清晰，是研究夯土技
艺的典型案例。

红楼总平面

红楼局部俯瞰

红楼近景鸟瞰

红楼村红楼

　　红楼位处霞寨镇山岭狭谷上的红楼村聚落，是卢氏于清时期所建，由于周边多红土，就地取材的夯土呈现红色状，故名"红楼"。这座楼在田园间的小山丘上建造，独享一处田园风光，是较大型的三层单元式圆楼，外径46米，无"楼包"，无通廊，第三层向外悬挑多处阳台。红楼现已废弃，前部保存较好，后部坍塌仅留夯土墙。红楼独居两个自然村间大片柚子林中，环境优美，圆楼轮廓完整、楼体半虚半实，其活化利用改造大有用武之地。

红楼内景

长庆楼近景俯瞰一

后塘长庆楼

　　后塘村聚落与红楼村聚落共享一处山谷，距红楼不远有座后塘长庆楼，矗立在马路一侧台地上。这是卢氏族群于清时期所建，属较大型三层单元式圆楼，外径 42 米；青石方正大门，夯土扎实，历经百年的夯土墙依然结实，虽然有五六开间由于屋顶失修导致墙体坍塌形成豁口，但整体较为完整。其活化利用大有可为。

长庆楼总平面

庆楼夯土工艺

长庆楼近景俯瞰二

寿山楼总平面

寿山楼内景

寿山楼近景俯瞰

寿山楼夯土工艺

秀峰寿山楼

在秀峰乡秀峰村聚落溪流环抱的盆地溪畔，坐落一座大型圆楼寿山楼，楼高四层，外径 53 米，单元式居住方式，门户以青砖饰面，方正石造大门。寿山楼是游氏在清中期所建，现今已废弃，后方出现一个豁口，前方一侧仅留长满苔藓的斑驳夯土墙，其余基本保存完整，夯土技艺一流。寿山楼改造利用前景可期。可以设想，改建设计后的艺术效果必定不俗。

启明楼总平面

启明楼楼门

启明楼内景

启明楼近景鸟瞰

秀芦东阳启明楼

　　陈氏族群建造的东阳启明楼，是清中期所建的中型三层单元式圆楼，靠山面溪营造，高三层，无通廊，外径 38 米，外墙与门户单元内墙均采用鹅卵石高墙脚，门户以青砖饰面。启明楼花岗岩大门曾遭火患，夯土结构仍扎实可靠，仅门楼与后方两开间破损严重，已常年废弃。将来活化利用，为乡村振兴助力，必是首选之地。

萼叶双辉楼近景俯瞰

萼叶双辉楼总平面

萼叶双辉楼匾题刻

双峰萼叶双辉楼

　　萼叶双辉楼位于平和县芦溪镇双峰村，叶氏族群于清时期始建。这是较大型三层单元式圆楼，外径44米，共34开间，组合17个门户单元，第三层设内通廊，花岗岩方圆相套拱券大门，门楣题刻楼名"萼叶双辉"，门户单元门面以青砖构筑。这座楼原有四层，因遭火灾后降为三层，现今基本废弃，局部已坍塌两处。将来若能活化作民宿，必是不错的选择。

萼叶双辉楼夯土工艺

萼叶双辉楼内景

双峰东山拱秀楼

东山拱秀楼总平面   东山拱秀楼楼门

在双峰村落沙潭聚落，叶氏营造一座较大型圆形土楼东山拱秀楼，楼高三层，环周26开间，分为26个门户，门户密集连续排列，均以青砖饰面。这座楼外径41米，无内通廊，花岗岩方圆相套拱券大门，门楣镌刻"东山拱秀"四个鎏金大字。东山拱秀楼屋顶已部分破败，整体保存比较完整，至今仍有人居住。

东山拱秀楼夯土工艺

东山拱秀楼近景俯瞰

长春楼夯土工艺

长春楼总平面

长春楼近景俯瞰

新南长春楼

　　长春楼是新南村圆形土楼群中的一座。长春楼前半部为二层，后半部为三层，建造时间不一，最早仅建有九开间，陆续建造了近百年，环周共 29 开间，二、三层设内通廊，新中国成立后才围合完整。这座楼有九开间已完全烧毁，仅留部分残墙。是平和单元式土楼纵墙承重的夯土结构工艺展示的极佳场所。

岐山无名楼楼门

岐山无名楼夯土工艺

岐山无名楼望斗

岐山无名楼巷道

岐山无名楼门户内部

岐山无名楼

  紧邻的安厚镇与大溪镇两乡镇常见无天井与内通廊的单元式圆形土楼。这座无名的圆形土楼是当地不多见的大进深单元带天井的土楼。这样的无名楼在平和县域不在少数，土木构造不复杂，装饰特别简易，这座无名楼是岐山村聚落林氏在民国时期营建的，村里的大部分圆楼是新中国成立后所建。这座楼依然有人居住，有几处单元门户人家长久无人居住，经历屋顶漏水后直接坍塌，这种部分住户单元损坏的现象在平和常见。

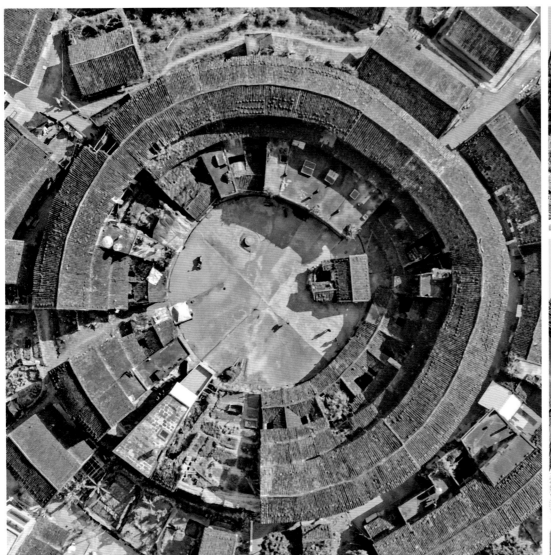

岐山无名楼总平面

岐山无名楼内景局部

岐山无名楼纵向承重夯土墙

下石无名楼一

这是目前发现的最小单元式无名圆楼，外径仅有 21 米，夯土墙相对薄而轻巧，院内石埕直径仅有四五米，内院有一个做工精美的方形水井。这座林氏族群在崎岭乡下石村于清时期建造的小型二层圆楼，环周共有 13 个开间，基本废弃不用，其中四开间已坍塌。

下石无名楼一总平面

下石无名楼一内景一

下石无名楼一内景二

下石无名楼一近景俯瞰

下石无名楼二楼门及夯土工艺

下石无名楼二总平面

下石无名楼二局部俯瞰

下石无名楼二

　　在下石村最小单元式圆楼右侧就是这座无名楼，这座楼较大，有四层高，外径32米，坍塌十分严重，夯土墙斑驳沧桑，几乎常年废弃。这座楼是林氏在清时期所建，这种四层高度的土楼在平和已不多见，大多是三层高，其中有相当一部分是由四层降到三层，四层土楼在古代应是多数，随着时间的推移，年久失修，逐渐降低层数是常态。

下石无名楼二纵横夯土墙俯瞰

下石无名楼二纵横夯土墙

庄上漕洄楼

在离国保庄上大楼不远的溪畔，有一座古老的方形土楼，应是庄上村聚落叶氏土楼群在清早期的发源点之一。这座方形漕洄楼建在台地上，内部院落分出上下台地，外部围合的夯土墙体特别厚实，夯筑技术一流。漕洄楼大门特别讲究，方形门同时使用花岗岩、青石、胭脂红砖构筑，门楣题刻楼名；楼内是二层单元式居住方式，无内通廊，长宽为 44 米 ×49 米。这座楼后方两侧转角处已坍塌，现今基本废弃。

漕洄楼总平面

漕洄楼侧面

漕洄楼夯土残墙

漕洄楼夯土工艺

秀峰楼近景鸟瞰

秀峰楼总平面

秀峰楼内景

秀峰楼夯土工艺

团结秀峰楼

　　秀峰楼位于平和县霞寨镇团结村，是卢氏族群在清时期所建。这是清早期较大的三层单元式圆楼，外径48米，外围有大型"楼包"。主体核心圆楼大部分已坍塌，只留外围圆形夯土墙，仅存八九个开间的单元式土木楼房；外围夯土墙依然坚实，夯土肌理清晰可见、斑驳沧桑，诉说着卢氏曾经辉煌的居住历史。

九曲圆楼近景俯瞰

九曲圆楼

　　米氏族群的九曲聚落在山岭上的溪谷间，这座圆楼属中型二层单元式圆楼，是民国时期所建，外径30米，花岗岩方圆拱券大门，是典型的平和式一楼一聚落。至今九曲圆楼部分单元还有人居住，另一半已废弃，随之坍塌殆尽，单元式的分隔使得其他单元楼内居民生活依然不受任何影响，如果是博平岭内通廊式土楼部分受损，就会影响整体结构的稳定，可见二者结构差异很大。

九曲圆楼总平面

九曲圆楼楼门

九曲圆楼水井

坪东阳丰楼

　　这是一座特别瘦长的椭圆形土楼，建在高台山丘上，左侧及后方有"楼包"围合。这座名叫阳丰楼的土楼是冯氏族群在清时期建造的，位于平和县秀峰乡坪东村寨仔聚落，属清早期小型二层单元式土楼，其椭圆长轴长31米。如今楼后方有一半几乎坍塌殆尽，前半部依然完整可用，仍有人居住。

阳丰楼总平面

阳丰楼台地入口

阳丰楼局部俯瞰

阳丰楼近景鸟瞰

积垒凤翔楼

凤翔楼总平面

凤翔楼楼门

紧邻马路的这座纪年圆楼已废弃日久，残垣断壁触目惊心，然而还是湮灭不掉曾经的辉煌。凤翔楼位于九峰镇积垒村，是典型的单元式圆楼，楼高三层，外径62米，前半部分二层、三层错落，这是不同年代建造的结果，这也体现在夯土墙上。这座楼大门采用花岗岩方圆相套石门框，门楣题刻楼名"凤翔楼"，并落款"乾隆丁巳年"（1737），楼龄至今280多年，门户单元以青砖红砖饰面，并有少见的户门造型。

凤翔楼近景鸟瞰

凤翔楼内景

凤翔楼夯土工艺

安里楼鸟瞰

安里楼内景局部

安里楼外观

安里楼近景俯瞰

顶楼安里楼

　　安里楼位于平和县安厚镇顶楼村，是赖氏族群在民国时期建造的，属中型单元式二层椭圆楼，其长轴38米，外围有"楼包"，整座楼已废弃，现无人居住，仅留祖堂在使用。这座楼整体保存得较为完整，仅局部一间坍塌与屋顶破败。

安里楼夯土墙

安里楼外墙

新形态土楼社区

大芹龙光楼

我们正面临前所未有的大变革时代，体现在建筑中的就是由农耕文明的土木建筑骤变到工业文明的钢筋混凝土楼房。这是历史的必然选择，但居住方式与营造文化恒在。我们在此列出七个在原有土楼地基上建造的新形态钢筋混凝土楼房群，它们的围合形态正好契合了平和式圆形土楼单元空间分配的模式。

大溪镇大芹村聚落的龙光圆形土楼的中心主楼依然保存完整，而陈氏族群在外围"楼包"的地基上建造了完整的现代混凝土楼房，完全保留原有"楼包"围合的形态，形成融合当代建造技术与材料塑造的一种开放式社区。这种模式不但延续了原有生活方式，也有效利用了原有宅基地。龙光楼是陈氏族群在民国时期建造的，属较大型单元式二层双环圆楼，外径43米，至今依然有人居住。

龙光楼近景鸟瞰

龙光楼正面鸟瞰

龙光楼总平面

龙光楼内景

龙光楼单元门户

龙光楼鹅卵石石埕

下高楼近景鸟瞰

下高楼总平面

下高楼内景

顶楼下高楼

　　下高楼位于安厚镇顶楼村,是赖氏族群在民国时期建造的,属中型单元式二层圆楼,外径38米,外围有"楼包"。土木结构的主楼依然完整,且有人居住,环境干净整洁,楼内院石埕满铺鹅卵石;外围"楼包"整体被混凝土楼房代替,原住户依然在原自家宅基地上按照单元式围合建造,形成新旧共存的新社区形态。

下高楼远景鸟瞰

云巷斋总平面

云巷斋祖堂

汤厝云巷斋

　　如果下石村的无名楼是最小单元式圆楼，那么这座云巷斋圆楼就是目前已知直径最大的单元式圆楼。云巷斋位于平和县安厚镇汤厝村，是张氏族群在清时期建造的，属巨大型单元式二层三环圆楼，外环外径长达147米。随着人口的暴涨与时代的巨变，这座原本最大的单元式圆形土楼已蜕变为钢筋混凝土圆楼，仅在局部残留空置的土木结构楼房，甚至内环仅有一开间被夹持在混凝土楼房的强势包围中，像极了当下中国传统建筑文化遗产的普遍窘境，尽管韧性的空间格局尚在。楼中心原有的祖堂如今修缮一新。

云巷斋远景鸟瞰

新红无名楼远景鸟瞰

新红无名楼总平面

新红无名楼内外环内景

新红无名楼旧楼内景

新红无名楼局部俯瞰

新红无名楼

　　这座新红村聚落的无名楼位于大溪镇，是陈氏族群在新中国成立后建造的，完整的双环圆楼，原本高度二层，内环外径38米，当下仅留一小段土木结构土楼。这座土楼已基本完全被混凝土楼房代替，内环四层是弧形片断，外环三、四层完全围合。这座新形态仿土楼不是各家各户自行建造的，是集体行为一起建造的，建筑形态比较统一，如果屋顶稍加改造，墙体立面做些协调处理，就能延续原有土楼风貌，一改混凝土楼房太过突兀与生硬的局面。

龙门无名楼近景鸟瞰

龙门无名楼总平面

龙门无名楼内景

龙门无名楼

　　这座新中国成立后建造的大型圆形土楼，由安厚镇龙门村赖氏族群营建，为单元式二层圆楼，完整双环围绕，内环外径 70 米，是典型的人民公社时期的产物，作为纯居住建筑物，已失去土楼固有的防御功能。在这座楼的外环，各家各户紧挨着在原有地基上建造了现代混凝土楼房，把土木结构的内环包围起来，新旧之间差异鲜明，彰显着这个时代快速变革的特征。

新农隆光楼

隆光楼位于大溪镇新农村，是陈氏族群在新中国成立后建造的，属较大型单元式二层圆楼，两侧建有"楼包"，外径54米。这是大溪镇与安厚镇一带常见的人民公社时期建造的圆形土楼，其一般特征是高二层，无门户天井，无内通廊，单元进深较浅，整体基本无防御性。这座隆光楼土木结构主体尚在，只是在扇形固有地基上插入式建造了十开间扇形三层高大混凝土楼房。这显然是当代人对土木结构土楼命运的一次彻底否定。

隆光楼总平面

隆光楼内景

隆光楼近景俯瞰

圆边楼近景俯瞰

四、平和民居

　　平和民居除了四合院类型外，还有类似土楼式围合的较大型夯土民居，这类民居之所以不属于典型土楼，是因为这种民居从围龙屋演变而来，三面高大围合，屋顶高低层叠，尊卑有序，前方一面仅做一层的门厅与厢房，防御性极弱。平和四合院民居既有花山溪中下游一带的青红砖建筑，也有山区夯土与青砖结合的建筑，一般都有护厝，中轴线上设门楼与厅堂。相比南靖与永定，平和县域极少有博平岭一带经常出现的独栋两层夯土民居。

圆边楼正面俯瞰

圆边楼总平面

圆边楼二楼内景

国强乡三五村圆边楼

　　三五村聚落圆边楼坐落在偏远山岭山谷一侧的台地上，高二层，内部有两个台地，两侧端头适应地势高差建造三层高楼房，一侧端头用作德高望重族人的书房。这是一栋山区典型的围合式夯土民居楼房，利用高差台地，如马蹄形般从高到低建造，中轴线上做三开间祖堂；楼门厅与两侧厢房一层在最低处横向围合，防御性相对典型土楼比较薄弱；转角三层与一层之间以两层楼房过渡，造型优美。圆边楼至今保存完整，有人居住，烟火气浓厚，面朝连绵群山，方寸之间收纳天地万物，悠悠岁月，人们安居乐业，是典型农耕文明的长治久安理想生活空间。

圆边楼局部屋顶

圆边楼楼门

圆边楼祖堂

圆边楼台地

圆边楼楼内台地

圆边楼大门对景

圆边楼书房

新洋民居近景

文峰镇文美村新洋 24 号

　　花山溪在明末清初时期是漳州月港上游的繁荣水路，这条平和县域山区的经济命脉川流不息地运送着"克拉克瓷"，文化、民俗随之互通有无，使得农耕文明与海洋文明的化合效应获得极大解放。因此，除了大量建造标准化的均等单元式圆形土楼外，花山溪中下游一带还多出现闽南青红砖建造技艺，文美村聚落传统建筑多采用青红砖建造，其中新洋聚落 24 号四合院群落就是清末青红砖建筑的典型案例。相比平和式土楼，这座院落完全是尊卑有序的传统建筑格局，核心是标准的合院式祖堂加护厝，外围三面围合，前方设大院，红瓦屋顶，祖堂四面都以青砖包裹，红砖点缀饰面，用花岗岩条石作裙堵与承重结构，建造技艺精湛，空间格局气派非凡。

新洋民居中轴线俯瞰

新洋民居总平面

新洋民居局部俯瞰

新洋民居厅堂俯瞰

新洋民居山墙

新美民居总平面

文峰镇文美村新美 120—2 号

　　文美村新美聚落的青红砖民居建筑群规模较大，其中有一座四合院保存得完好如初，历久弥新。这座门牌120—2号的传统民居建筑核心为大三开间院落，以前方门厅、后方厅堂及两侧厢房方正组合，左右两侧再纵向建造护厝，形成护厝天井，在前方设巷道、门厅；大门正前方以青砖围墙围合前院，地面满铺红砖，正前方围墙中设青砖青瓦门楼，还有两个侧门，门楼两侧构筑镂空红砖花墙，做工一流，用材用料考究，是不可多得的整体采用青砖砌筑的民居建筑。

新美民居正面鸟瞰

新美民居屋脊

新美民居山墙

新美民居门楼

隆和楼近景俯瞰

隆和楼总平面

隆和楼内景

隆和楼楼门

隆和楼院墙

秀峰乡双塘村双己山隆和楼

　　隆和楼深藏在秀峰乡连绵的山岭坳地中，坐北朝南坐落在较高的台地上，至今保存完好，整洁干净，仍有人居住。这座楼是围合式二层夯土与青砖组合建造的民居建筑，最为特别的是它吸收了平和式土楼的单元式空间布局方式，形成五个合院式门户空间，共享一个满铺鹅卵石的石埕内院；前方以青砖围墙围合，一侧设青砖门楼，门楼上题写朱红楹联。内院环周低矮的入户门厅、围墙、小门楼与后方抹圆的马蹄形三面楼房形成鲜明对比，前者轻巧，后者厚重，造型可入画，人文气息浓厚。

南阳楼近景俯瞰

崎岭乡新南村新厝南阳楼

　　新南村新厝聚落溪畔有座合院式的南阳楼，这座楼以五个合院组合，中间合院位居中央，主楼耸立，两侧各有一对合院似护厝般围合，"凹"字形前院满铺鹅卵石，以青砖矮墙围合，左侧方位设门楼。南阳楼是典型的土木结构及青砖饰面的山区民居，走进大门来到宽敞石埕前院，大三开间门厅以墙砖包裹，两侧巷道开拱券门洞与花窗，均以青砖砌筑，中轴线楼门题写"南阳楼"三个大字。南阳楼是平和典型的清末民居建筑，整体保存完好，建造技术一流，用料考究。

南阳楼总平面

南阳楼楼门

南阳楼内景

大埔楼总平面

大埔楼楼门

大埔楼祖堂

霞寨镇红楼村大埔楼

　　在红楼村聚落山谷尽头的高台上，马蹄形的夯土民居大埔楼依山就势建造。这座民居建筑即将要蜕变为方形土楼，但还未破茧，原因是前方横向围合着仅一层的门厅与厢房，防御性极弱，只有围护特征。大埔楼全楼以夯土构筑，内部为木构搭建，生活方式采用平和式土楼典型的门户单元式，高度两层，无通廊，有天井，建在坡地上，呈高低错落形态。这种类型民居在平和不在少数。

大埔楼近景俯瞰

林语堂故居入口

坂仔镇林语堂故居

　　林语堂故居的园林式民居形式在平和罕见。这座民居是牧师传道引进的近代建筑，不是典型的传统四合院规矩端方布局，而是一种朴实而自由的空间组合。世界著名文学家林语堂先生曾经生活起居之地是如此朴实无华，亦如他幽默而睿智简朴的语言，如长辈般讲述人间曼妙的故事，又如华夏民族的使者为外人全方位扫描这个古老文明的幽深。故居后方是一座二层主楼，前方以"L"形开放空间围合着一个院落，水井落在院落中间，正对一侧连廊，空间如园林书斋般让人流连忘返。

林语堂故居新楼

林语堂故居内院

林语堂故居远观

林语堂故居小讲堂

林语堂故居走廊

顶巷民居门楼　　　　　　　　顶巷民居护厝一角　　　　　　　顶巷民居护厝山墙

顶巷民居门厅山墙　　　　　　　顶巷民居护厝拱券门　　　　　　顶巷民居檐口工艺

九峰镇顶巷 55 号

　　平和县九峰古镇是平和古县城所在地，这里家庙祠堂林立，古街巷纵横交错，九峰溪洄转而过，就在溪畔的台地上保留着一座传统民居建筑，这是通往九峰镇镇区唯一圆形土楼景云楼的必经之路。这座民居建筑的左侧护厝已不复存在，其他依然保存完整，从前方左侧进入宽敞院落，面向溪流，轴线上坐落大三开间合院，厅堂高大轩昂，一侧护厝小巧玲珑，组合的巷道以青砖拱券门洞沟通，青瓦屋顶，古色古香。

顶巷民居远眺

钟腾村榜眼府近景俯瞰

五、祠堂家庙

    平和式土楼一般在中轴线与大门相对的后方设三开间祖堂，这是一幢楼内的小家族祭祀厅或议事厅，有的还兼有书斋。楼内公用部分还有土地爷神龛，一般设在大门进门右侧，朝向楼内石埕大院。这是平和传统建筑主体土楼的祭祀空间状况。在楼外另设祠堂家庙，要么就是一个姓氏一个大家族总的祭祀场所，要么就是特别讲究，要单设富丽堂皇的高规格场所，这在老县衙所在地九峰古镇镇区比较常见。这些祠堂家庙格局一般都是从民居建筑演化而来，或者本就是祖上遗留的共有家产，辟做祭祀使用而已。这也是福建各地祠堂家庙常见的由来。这里拣选 15 座有代表性的平和祠堂家庙，基本都是合院式格局，特别是木构架的雕梁画栋，极具闽南风格特色。

榜眼府侧面楼门

榜眼府小合院大门

榜眼府护厝巷道

霞寨镇钟腾村榜眼府

钟腾村聚落在山岗上建有土楼群，清时期黄氏在对面平坦地坪靠坡建造了这个府第式宅邸榜眼府，这是典型的闽南官式大厝。由于霞寨镇钟腾村黄氏一族在清乾隆时期出了一位练武艺的"榜眼及第"，后封为"御前侍卫"，人称武状元。乾隆帝念其功劳特拨白银万两，在其故里营建这座超规格的"榜眼府"，现如今辟为祭祀与参观场所。

榜眼府规模宏大，是放大版的合院式府第，从右侧入门楼，来到宽敞前院，院内满铺条石与红地砖，中轴线上对称大三开间核心四合院屋宇轩昂，两侧各三落独门院落卫，并形成巷道，巷道前方以花岗岩方门洞与前院间隔，整体空间由主及次徐徐展开；大合院前方设大型月池，右侧门楼前方设一水塘，既能为消防取水提供便利，又是门前小景观。整座府第为砖木结构，外墙一律光滑花岗岩条石做墙基，内外墙再以青砖包裹，主位厅堂抬梁式木构架用料硕大，跨度随之不同寻常，雕梁画栋极尽所能，每根方圆柱衔接花岗岩简洁柱体，防止雨水侵害，异常坚固，稳坐上百年基业；从门楼到厅堂、前院围墙、巷道隔墙、合院门厅间隔都镶嵌精美红砖花窗，地面铺设红地砖，檐口收边采用红砖装饰；除此之外，高规格的精湛彩绘及剪粘铺陈于建筑各个显眼位置，无不彰显府邸主人特有的荣耀身份与地位。

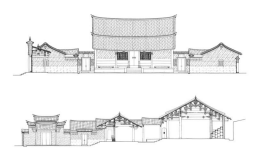

榜眼府测绘组图

榜眼府大前院

榜眼府门厅入口

榜眼府月池与影壁

榜眼府大堂梁架结构

榜眼府屋架梁架

榜眼府山脊

榜眼府山墙细部装饰

榜眼府影壁

榜眼府天井

榜眼府彩绘门神

榜眼府垂花柱

榜眼府梁架雕饰

榜眼府红砖花窗

榜眼府门厅梁架

榜眼府抱鼓石组图

胡氏家祠近景俯瞰

南胜镇前山村胡氏家祠

　　前山村胡氏家祠孤零零地坐落在马路一侧，虽已废弃，但原汁原味保留了传统风格，未曾重修重建，是清中期难得的传统建筑遗产。胡氏家祠是典型合院式闽南民居，大三开间大屋顶，抬梁式梁架，用料硕大，工艺一流，做工扎实，特别是其中人文色彩浓厚的连环画式雕梁画栋与描金楹联，如今虽布满灰尘，但仍遮掩不住其华贵气质。

胡氏家祠回望门厅

胡氏家祠大堂

胡氏家祠大堂梁架

胡氏家祠门厅梁架

氏家祠描金楹联

胡氏家祠梁架雕饰组图

胡氏家祠屋脊剪粘

胡氏家祠梁架彩绘

胡氏家祠屋架

胡氏家祠走廊梁架

永思堂后方远眺

永思堂大堂正面

永思堂正立面

大溪镇庄上大楼永思堂

　　平和式土楼演化初期的元明时期城寨格局一般都比较巨大，后来逐渐缩小到门户单元的标准化、均等化围合，显然这是需要对居住方式有比较漫长的积累与认识，而不是几十年之间的事情。当然，这不是线性进化论所云的新生与消灭的替换，而是各个发育周期的土楼同时存在，只是当时以那个时期类型为主而已。这座叶氏庄上大楼就是平和式土楼发育周期后期的形态，与当时发育成熟期的典型圆楼在同时空存在。像这种城寨式大楼，围绕一个小山岭营造，内部一般有好几个祠堂家庙。庄上大楼的"永思堂"是现今楼内保存最大最完好的一座，除此之外还有"追德堂""崇德堂""继绳堂""积庆堂""笃庆堂"等。永思堂建造规格较高，尺度硕大，门前广场宽敞，矗立一对荣耀旗杆石，其平面为大三开间四合院式，青砖构筑外墙，正立面拥有少见的前廊，廊后隔墙上半部几乎镶满精美红砖花窗，更显气派非凡，当然少不了闽南大厝特有的大木梁架体系，以及雕梁画栋与绚烂的彩绘，它们使得一个家族的凝聚力与荣耀感陡然提升。

永思堂神龛

永思堂前廊

永思堂木雕狮座

永思堂木构斗栱

永思堂木构瓜筒

大溪镇壶嗣村报本堂

壶嗣村聚落是台湾“阿里山神”吴凤的故乡，也是如庄上大楼或寨里村一样的平和城寨，不同的是这座吴氏“报本堂”设在壶嗣村围合城寨外的正前方轴线上。报本堂始建于清乾隆年间，是合院式三开间格局，方正形态，以青砖与条石构筑，体形小巧，保存完整，大悬山屋顶，屋脊做各种精细精美的剪粘装饰；内部木构梁柱主要柱体与硕大花岗岩柱衔接，闽南风格雕梁画栋，朱红与漆黑互衬，空间仪式感极强。

报本堂门厅斗栱

报本堂门厅梁架雕饰

报本堂正面俯瞰

报本堂总平面

报本堂悬山山墙

报本堂彩绘门神

报本堂大堂梁架结构

报本堂寝殿

报本堂柱础组图

报本堂彩绘屋脊泥塑

九峰镇杨氏宗祠

平和古县衙所在地九峰古镇的宗祠家庙比较兴盛，这座杨氏宗祠又名"追来堂"，坐落在九峰古镇杨厝坪，始建于明嘉靖年间。杨氏宗祠门前地坪铺设鹅卵石，坪前设半圆形月池，三开间华丽门楼，矮墙围合前院，门楼以青砖装饰成精美镜面墙，镶嵌石雕漏花窗与花岗岩直棂窗，叠落屋檐，主次分明；进入大门，前院满铺条石，宽敞而整洁，面前矗立屋脊明显起翘的三开间合院；跨进硕大门厅，来到内院，梁架林立，考究的花岗岩石柱挺拔坚固，黑红梁架厚重大气，大堂之上赫然书写鎏金大字"追来堂"。

追来堂楼门

追来堂内院天井透视

追来堂寝堂

追来堂回廊

追来堂中堂

追来堂抱鼓石

曾氏家庙仪门

九峰镇黄田村曾氏家庙

　　黄田村聚落人烟密集，民居与土楼成群，核心区有座方形土楼作为曾氏族群的家庙，这种特别的土楼式家庙比较少见。这座土楼作为家庙与一般土楼的格调有些不同，首先前方有一个大月池，跨过鹅卵石甬道，再入矮墙围合的院落，然后进入大门到达前院，院落石埕都以整齐划一的鹅卵石铺就，干净整洁，一种仪式感扑面而来；其次，这座方楼虽小，但内部中央坐落较大合院式祭祀厅堂，占据院落多半空间；底层两侧辟为公共活动用房。楼大门花岗岩上题刻"念祖聿脩"，出自《诗·大雅·文王》："无念尔祖，聿脩厥德，永言配命，自求多福。"这座家庙的大门十分气派，五开间错落造型，青红砖组合砌筑，展开似如屏风，充满仪式感。

曾氏家庙总平面

曾氏家庙近景鸟瞰

曾氏家庙楼门

曾氏家庙门户天井

曾氏家庙寝堂

曾氏家庙中轴线透视

曾氏家庙门户大门

曾氏家庙围墙细部

曾氏家庙石砌地砖

中湖宗祠正立面

九峰镇中湖宗祠

明中期王阳明设立平和县的时候，县衙选址在大洋陂一带，中湖宗祠的曾氏族群正是这里的原住民，是他们鼎力相助，县衙才得以快速建成。这座宗祠始建于明弘治壬子年（1492），比1519年设县早27年，可见曾氏家族历史悠久，族群强盛。中湖宗祠为大三开间，高大轩昂，是闽南典型的合院式大厝。楼门设凹廊入口，中间大门两侧小门，大门高悬"中湖宗祠"匾额，门廊采用仿木石梁架，结构简洁规整，用料硕大，手法高超；进入大门便是大门厅，与后方厅堂一样，木梁架结构以抬梁获得宽敞空间，硕大木结构雕梁画栋。最为精彩的是其斗栱的精细木雕，是典型的闽南风格，木工一流，尺度气派非凡。这是闽南区域宗祠建筑中难得的精品。

中湖宗祠门匾

中湖宗祠仿木石梁架

中湖宗祠门厅梁架

萃文堂寝堂

萃文堂大院落

九峰镇萃文堂

　　萃文堂是一座大合院式祠堂，位于九峰古镇水门巷，始建于明嘉靖年间，坐北朝南，大三开间，是典型的闽南建筑风格。祠堂门厅建造工艺精湛，裙堵用花岗岩条石砌筑，以青砖外墙包裹，入口门廊采用仿木石梁架，中间大门，两侧小门，屋脊剪粘装饰五颜六色，精彩夺目；进入内部大院，满铺平整鹅卵石，中间甬道铺砌花岗岩条石，大堂赫然在前，硕大朱红梭柱林立，开敞大三开间，内外一律以青砖砌筑或饰面。

萃文堂梁架雕饰

萃文堂鹅卵石铺地

萃文堂正立面

崇福堂牌坊

崇福堂院落甬道

崇福堂龙柱

崇福堂屋脊剪粘装饰

九峰镇复兴村崇福堂

　　在九峰镇东门郊外的复兴村有座规模较大的崇福堂，始建于元末，历朝多次扩建与重修，至今保存完好，是古老闽南风格建筑的罕见典型。崇福堂坐落在一处高台地，大四合院式布局，坐北朝南，背靠山岗，视野开阔，大五开间，内外墙都以青砖砌筑，前后屋脊剪粘五彩斑斓，衬托着舒展大屋顶；跨过前殿来到内院，宽敞的内院石坪，在中轴线铺砌古老花岗岩甬道，主殿赫然矗立眼前，最为显眼的是两根巨型梭柱，柱体满涂朱红，再彩绘栩栩如生的飞龙，技艺高超；主殿供奉儒释道三教于一堂，墙壁彩绘二十四孝与生死轮回图，与九峰古镇城隍庙壁画交相辉映。

崇福堂正立面

张氏家庙总平面

张氏家庙天井

安厚镇双马村马堂城张氏家庙

　　马堂城是一座平和式城寨，人烟密集，人口众多，有座张氏家庙在东侧宽敞位置。家庙始建于明万历年间，历代有重修与修缮，坐北朝南，规模较大，核心为大三开间合院式布局，两侧延伸对称的护厝小院；古风古貌，尺度亲切，青砖砌筑，石木结合梁架体系，用材用料扎实硕大，地面满铺红砖地砖，彩绘木构梁架，是典型的闽南风格。

张氏家庙寝堂

张氏家庙梭柱

张氏家庙匾额

张氏家庙山墙

张氏家庙抱鼓石

林氏家庙近景俯瞰

林氏家庙寝堂

林氏家庙寝堂侧面

林氏家庙屋顶装饰

安厚镇龙头村林氏家庙

　　在远离聚落的溪畔坐落着一座阁楼式林氏家庙，这座家庙拥有大量台湾宗亲，庙堂气宇轩昂，高大恢弘，是近期重新翻盖的高大庙宇。龙头村林氏家庙核心是方正形态主殿，屋脊飞檐起翘，华丽装饰五彩剪粘；两侧若即若离地建造护殿楼阁，广场宽敞，规模较大，主殿五开间，前廊三开间，门前设龙柱；殿内富丽堂皇，硕大木梁架用朱红漆面，雕梁画栋不厌其烦，是典型的闽南风格传统建筑。

宜盆家庙屋脊

宜盆家庙户牖

宜盆家庙透视

大溪镇宜盆村家庙

　　在灵通岩山麓的宜盆村是个土楼群聚落，有座家庙坐落在一处幽静之地，在开敞的大坪之上，背靠山岭，景色宜人。家庙核心四合院，小巧三开间，悬山山墙，两侧有护厝小院，前方小广场，门厅与厅堂的屋顶舒展，屋脊以剪粘与彩绘装饰，青砖墙面，木构梁架，用朱红与漆黑油漆门窗与梁柱。宜盆村家庙是平和式家庙平面布局与立面形态的缩影。

盆家庙正立面

林氏大宗总平面

林氏大宗门厅透视

林氏大宗中轴线透视

林氏大宗正立面

林氏大宗梁架组图

五寨乡埔坪村林氏大宗

　　埔坪村聚落林氏是台湾的名门望族，村内有林氏宗祠五六座，其中林氏大宗始建于顺治年间，年代较早，规模较大。林氏大宗宗祠体形高大，坐北朝南，四合院式建筑，为青红砖与木梁架结构，大三开间门厅与厅堂；跨进大门，方柱林立，天井宽敞，挂满匾额，林氏家族曾出多位进士与名人。

林氏家庙门厅透视

五寨乡埔坪村林氏家庙

    林氏家庙是村中众多宗祠中的一座，至今保存完好；从门廊到厅堂，一律用朱红木梁架，抬梁式木构架，门廊用仿木构的花岗岩梁架，做工考究，用材扎实，是典型的闽南风格庙宇。

林氏家庙门廊梁架

林氏家庙石柱础

林氏家庙梁架组图

九峰文庙大成殿正立面

六、寺庙宫塔

　　平和县山清水秀，溪流四通八达，山峦奇峰突起，特别是大芹山与灵通岩山的矗立，形成平和特有的山形水势，还有花山溪流经大半个县域，串联着上中下游各个小盆地与平原，如星斗般的土楼聚落点缀其中。平和的名山大川中当然少不了寺庙宫殿，最有名的是大芹山的三平寺与灵通岩山的灵通岩寺。作为古县城所在地的九峰古镇，还保存着明代府制文庙与城隍庙，格调非凡。有些典型的殿堂历史悠久，香火兴旺，如天湖堂与崇福堂。除此之外，这里收录了开漳圣王庙、王文成公祠及其他宫庙。最后，作为古代县衙所在地的风水塔，九峰古镇山巅的一对石塔，在此一并呈现。

九峰镇文庙

明代中期正德十四年（1519）始建的平和文庙，由当时设县的王阳明亲自督建，并邀请南湖村进士陈伟（曾奉旨修建金陵避暑山庄"崇美阁"，任造建总金事）亲自营建，据康熙《平和县志》刻板插图，原有文庙建筑群规模较大，按府制超规格营造，现仅留大成殿与明伦堂两座土木建筑。

从建筑学角度来看明时期的大成殿，首先，殿外的周阶副匝（建筑立面四周的风雨廊）石柱林立，形体比例如明家具般纤细；其次，大重檐歇山屋顶，屋檐起翘恰到好处，优雅而雍容；还有，选材与做工一流，特别是外柱廊的八角石柱，紧密结合斗栱短柱，撑起一个简洁有序的斗栱丛林。石头不朽，正面两排柱廊林立，似如孔门圣贤个个玉树临风，君子古风拂面而来。石柱从柱础到柱身，浑然一体打磨凿刻，表面细密平整，丝丝入扣，与顶部木构榫卯咬合紧密。这群石柱应是四五百年前的明代遗构，至少比木构更早，唯因石头隽永。大成殿其余三面用灰砖包裹严实，以免风吹雨打，如铠甲护身。两侧山墙运用闽南独特胭脂砖点缀，在阳光下神采奕奕，一种从内而外的感召散发出来。这种心学源头的孔门活水似乎从这里决然流淌而出，只因阳明心学直抵孔子生命现场而集大成。

九峰文庙大成殿透视

九峰文庙大成殿背立面

九峰文庙大成殿柱廊组图

九峰文庙大成殿柱廊梁架

九峰文庙大成殿柱础

九峰文庙大成殿山墙

九峰文庙大成殿外观

九峰文庙大成殿龙柱　　　　　　九峰文庙大成殿木构梁柱与石柱交接处理　　　　九峰文庙大成殿飞檐翼角　　　　九峰文庙大成殿屋脊

九峰文庙大成殿梁架

九峰城隍庙二进院落

九峰镇城隍庙

  康熙年间《平和县志》的线描插图显示城隍庙在县衙左侧，离东北城门不远。相对文人士大夫阶层的文庙，城隍庙是民间祭祀场所，也是汉民族道教文化的重要神邸，同时为圣贤留有神位，平和城隍庙是王阳明创建，因此供奉王阳明的知音唐代圣贤王维夫妇。

  平和县九峰镇城隍庙保存完整，四进院落，坐北朝南，与文庙同年（1519）同规格府制创建，历代修缮，型制、尺度、石材、神位基本保持明代原有格调。庙外墙一律用灰砖包裹，斑驳花岗岩铺地，与文庙保持一致风格，只是营造的标准稍逊一筹。城隍庙近年修葺一新，仍是古风古貌原样，修缮水平较高。面对车水马龙的马路，四周被水泥楼房包围，城隍庙越发显得清新脱俗。

  城隍庙大门三开间，尺度如民间大厝，方形石柱立两旁，大门开敞，两侧漏窗装饰；跨进门，左右黑白无常守门，内院豁然在前。一进内院，四四方方，两侧矮墙围护，仪门抬升五个台阶，也是花岗岩方石柱立两旁，门边两侧立一对青色抱鼓石，回望大门内侧，歇山顶伸出内院门厅，形态富有层次。跨进仪门，横向条石整齐铺设地面，甬道笔挺伸向高处，两侧设配房，里面立有各路神仙神位，院落中间青石狮子香炉似乎张望着明代的天空（香炉近年从地下出土，刻有万历九年）；往前再升高五个台阶到拜亭，屋宇逐渐高升，仪式感不断增强。拜亭是城隍庙空间的高潮部分，在拜亭里抬头可见东狱大殿神位，以隔断墙围合，烧制的红砖窗花精致异常，拜亭里面左右两侧窗扇上呈现八幅斑驳彩绘，是平和康熙时代的八景图，这里存有土楼诗意栖居情景，绘画功底深厚，意蕴深远。东狱大殿与拜亭联系紧密，从拜亭上两个台阶便来到主堂，其木构斗拱基本保持明代风格，简约里透着精良做工；花岗岩龙柱与文庙一样，只不过不如文庙硕大气派。后殿供奉唐代大诗人王维夫妇，应是阳明先生眼里的圣贤标准。后殿侧墙壁画栩栩如生，共40余幅明清时期的彩绘，被誉为"福建的敦煌"，有《二十四孝图》与《十八地狱图》，壁画中人物众多，运笔繁密细致，殿堂庙宇等场景恢弘大气，是难得的壁画精品。

九峰城隍庙门廊

九峰城隍庙一进院落

九峰城隍庙大门

九峰城隍庙过厅

九峰城隍庙院落内景

九峰城隍庙匾额

九峰城隍庙后殿神龛

九峰城隍庙龙柱

九峰城隍庙壁画组图

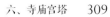

九峰城隍庙香炉

峰城隍庙大殿神龛

黄田都城隍殿屋脊

黄田村都城隍殿

　　黄田都城隍殿位处郊区的黄田村，这里人烟密集，土楼成群，庙宇香火旺盛，殿内供奉内宫太夫人，近期刚刚重修重建。新的大殿修葺一新，大殿门廊设蟠龙石柱，描金彩绘梁架灿烂夺目，屋脊剪粘灰塑的巨大飞龙，一派热闹非凡的闽南风俗风貌，殿门楹联上赫然题写："善行到此心无愧，恶进吾门胆自寒"。进入合院大殿，大三开间，石木梁架结构，空间宽敞气派，用料硕大，朱红与金色交相辉映。

黄田都城隍殿总平面

黄田都城隍殿大门

黄田都城隍殿门廊

黄田都城隍殿中轴线透视

黄田都城隍殿大殿内景

黄田都城隍殿梁架彩绘一　黄田都城隍殿梁架彩绘二

三平寺近景鸟瞰

文峰镇三平寺

　　文峰镇与山格镇东侧的山峰连绵不绝，虎尾山主峰狮子峰海拔近千米，状貌如狮头，巍峨雄壮，不远处的三平峡谷地带建有闽南远近闻名的千年古刹三平寺，其始建于唐懿宗咸通七年（866），至今香火鼎盛，海内外香客络绎不绝。

　　寺内祖殿供奉开山始祖杨义中高僧 "三平祖师"，唐代皇帝唐玄宗曾赐号"广济大师"。整座寺院规模宏大，坐北朝南，依山势而建，围墙与连廊四周围合；三进院落布局，一进院落由山门、池沼、两侧钟鼓楼及高台上的大雄宝殿组成；二进院落在核心，由供奉祖师的祖殿及斋堂、僧房组合；后院最高处高台上矗立一座塔殿，在空间中统领全局。这是一座典型的闽南风格古典寺院，从屋脊无尽繁密的剪粘装饰到四处俏丽的飞檐，从工艺精湛的红砖砌筑到石造梁架及构件，还有闽南特有的雕梁画栋，可谓将闽南传统建筑精华集于一身，热闹场面令人叹为观止。

三平寺总平面

三平寺牌坊

三平寺祖师立像

三平寺山门

三平寺塔殿

三平寺大雄宝殿

平寺轴线俯瞰

三平寺近景鸟瞰

三平寺钟鼓楼

三平寺柱廊

三平寺走廊梁架

三平寺山门屋脊剪粘

三平寺大雄宝殿山墙

三平寺藻井

三平寺屋顶装饰

三平寺佛龛一

三平寺花窗

三平寺佛龛二

三平寺山门门廊梁架

三平寺梁架彩绘

灵通寺仰视远观

灵通寺青云寺入口

灵通寺落日剪影

大溪镇灵通寺

  几乎整个大溪镇都围绕着灵通岩山，山麓溪流边土楼聚落密布，这座奇峰突起的山峰成为人居环境的美妙借景，这是借景的高超境界。由于明代登山达人徐霞客的多次造访，使得这座山成为人文名山，还有其好友黄道周对这座山流连忘返，黄道周曾读书教书于此。

  最为特别的是，在最高峰的大岩石缝隙中有座悬空的灵通寺，瀑布从寺庙大殿前笔直落下，甚为壮观。灵通寺依山而建，整体微小，台阶上上下下左右贯通联系，在遮风避雨的大岩石底下建造一座大雄宝殿，左右矗立钟鼓小阁楼，如寄居蟹般在夹缝中求生存、求涅槃，其整体尺度与山体融合，虽然平台与钟鼓楼是混凝土的现代翻造。值得一提的是，在大殿左侧设有黄道周神龛，可供人们感念这位明末一代完人殉国精神的不世之功。

灵通寺远景鸟瞰

灵通寺瀑布奇观（管炎山摄）

灵通寺黄道周祭祀神像

灵通寺黄道周祭祀石碑

灵通寺正面远观

灵通寺摩崖石刻

灵通寺圆通宝殿

王文成公祠游神旌旗一

王文成公祠早期牌位

王文成公祠游神旌旗二

王文成公祠大殿立面

王文成公祠俯瞰

王文成公祠神龛

王文成公祠新落成情景组图

九峰镇王文成公祠

　　自从平和县建县之父王阳明先生创县并覆荫平和县域人民以后，这里的人们念其无尽功德，在其生前建生祠，身后建公祠，在平和县域深入人心，特别是九峰古镇每年一度的游神活动。王阳明逝世后25年，于1554年官方建庙宇封神。明崇祯六年（1633）在九峰古城东郊建"王文成公祠"，明末漳州古今完人、儒学大家黄道周撰写《王文成公碑记》，以高超的文辞颂扬阳明功绩以及泽被后世的"良知"精神与成果。王文成公祠原有大殿与护厝合院建筑群，新中国成立后被县机械厂占据后完全拆除，近期在民间力量的促进下，在原址一侧高台上新建了一座三开间大殿，使得500年的"知行合一"精神此时此地有了安心归宿。

天湖堂近景俯瞰

天湖堂总平面

天湖堂大门

天湖堂神龛

崎岭乡南湖村天湖堂

　　南湖村是崎岭乡的中心聚落，有较大规模的民居群与土楼群，人口众多，香火兴旺，村中的天湖堂就是远近闻名的庙宇。天湖堂始建于元代，明末一代完人黄道周到访并题写"月到风来"匾额。这是一座典型的四合院式闽南建筑，由门厅、大殿、两侧护厝及微小钟鼓楼组成。这座建筑最为华丽的是闽南特有的梁架雕饰与彩绘，从门厅、连廊到大殿无不装饰得富丽堂皇，虽经烟火熏染，而描金的细致画面依然闪亮在眼前；木构架硕大，花岗岩主柱与木梁架榫接，坚固异常。天湖堂前有大广场，并设有放生池，香火始终不断。

天湖堂屋脊

天湖堂梁架彩绘一

天湖堂一侧神龛

天湖堂梁架雕饰

天湖堂梁架彩绘二

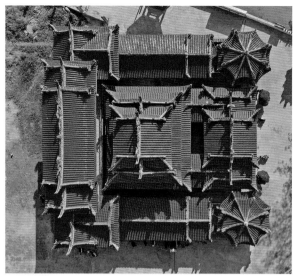

碧岭宫总平面

碧岭宫内景

碧岭宫全景

国强乡碧岭村碧岭宫

在花山溪上游支流碧岭溪的溪畔，碧水映衬着一座宫殿式庙宇，金色屋顶花团锦簇般怒放，成为一道乡间信俗景致。这是碧岭村重新翻造的一座宫庙，原名"赤岭宫"，始建于明孝宗年间，供奉着保生大帝，位处当地人称作"金龟地"的风水宝地，面朝溪流，寓意源远流长。碧岭宫原有一座四合院式庙宇，如今翻造为楼阁殿堂式大宫庙，四方形态，核心保持原有合院，周围三面为护厝式楼阁，正立面两端以攒尖重檐八角亭拱卫，广场宽阔，气势非凡。

碧岭宫正立面

碧岭宫天井

开漳圣王庙正面俯瞰

开漳圣王庙神龛壁画

开漳圣王庙几案浮雕

开漳圣王庙神龛

安厚镇岐山村开漳圣王庙

　　漳州遍布开漳圣王庙，传播至台湾同样为数众多，在平和县域有众多古老聚落的姓氏族群移民台湾。这处岐山村的开漳圣王庙是上百座里的一座，为独栋三开间闽南传统建筑形式，砖石木结构，石造构件硕大古朴，特别是祭祀用的石造桌案，纯花岗岩打造，正面雕刻栩栩如生的云龙纹。

侯山宫木构梁架　　　　　　　　　　　　　　侯山宫轩廊

小溪镇侯山宫

　　侯山宫位处小溪镇西林村花山溪溪畔盆地，历史悠久，古朴沧桑，又名"敦和宫"，传播至台湾多达 20 多座。这座闽南风格庙宇建筑，由门楼、院落及三开间大殿组成，是一个小巧的院落式宫庙，门楼与大殿屋脊剪粘特别显眼，异常俏丽烂漫，以花卉与飞龙形态塑造，是难得一见的精品。相传在明正德年间书法家凡允临题写"侯山玉璧"，之后便由"敦和宫"改称"侯山宫"。

侯山宫院门

侯山宫屋脊剪粘装饰

侯山宫大门　　　　　　　侯山宫碑刻

文峰双塔全景

九峰镇文峰双塔

　　这两座石塔始建于明万历年间，是平和九峰八景之一"笔山侵汉"，寓意文笔如椽，直达星汉。双塔近代曾尽毁，后又重建，均为石构建造，为八角形七级石塔，一高一低，交相辉映。登高望远，景云圆楼聚落在眼前展开，九峰溪碧水环绕，九峰古镇尽收眼底。

文峰双塔透视

文峰塔塔顶

文峰塔局部

下篇

地域建筑特色

福建土楼按时空分布可分为两大谱系：一个是博平岭土楼，一个是平和式土楼。这种分法主要是由土楼生活方式的突出特征所决定的，而生活方式的选择往往在丘陵地带的习俗共识族群中相互影响和模仿，这些区域生活方式的分布演化一般是就近原则与习性的延伸。自成一体的平和式土楼，是阳明心学活性文化的历史沉淀，及明末清初大宗瓷器贸易的财富支持，且直接相关其源头多条溪流三个流向的向外向下走势，既有源头式的原创动能，又有输出的势能。这是平和土楼地域特征产生的基本面。

在夯土技艺方面，平和土楼的夯土技艺最为经典，特别是五寨乡一带的大颗粒红色砂土夯筑的土墙，坚如石材，风吹日晒上百年仍屹立不倒。平和土楼的夯土墙不仅仅是外围一圈的防御性夯土墙，还有分割内部各个单元的夯土墙，作为木构楼面的承重墙。这种平和单元式土楼的夯土量是博平岭通廊式土楼夯土量的两倍以上。

在住居空间的组合方面，平和式土楼采用单元式居住空间，扇形单元平面，外窄内宽大进深，这就形成了极其丰富的合院式生活空间组合。有的是独立单元窄长进深的组合，典型如丰作厥宁楼；有的是两个或三个单元一组设立一个门户的合院空间组合，典型如环溪楼、清溪楼、龙见楼、溪春楼等；最复杂和最为特别的是方楼转角单元多层次空间的营造处理。

在土楼的建筑形态方面，以圆形土楼为主的平和是圆楼的王国，另有少部分方楼。还有马蹄形（畚斗状）平面，及可以适应地形环境的不规则形与少数的楼心型、祠堂中心型。平和地域至今还保存土楼发育的雏形——城与寨，及扩展土楼住居空间的一圈或多圈的"楼包"（多出现在圆楼外围）。

在楼门的工艺及造型方面，平和土楼都有明确纪年石刻楼匾（新中国成立后建造的土楼除外），楼门几乎一律为方正石门框内套一个拱券石门洞。门框为花岗岩材质打造，拱券门洞有时用青石，两侧刻有门联，石门簪镶嵌于门顶横梁内外。楼门简洁且讲究，做工精良。

在细部的雕饰方面，由于闽南文化发源自漳江，后兴盛于晋江沿岸。因此，平和的传统建筑装饰极尽闽南特色之花俏与绚丽之美。这种装饰风格在民间极为兴盛，其影响一直延伸至宝岛台湾。这些都体现在遍地都是的高规格府邸、家庙及寺庙里，典型的如榜眼府、天湖堂、中湖宗祠、文庙及城隍庙等，尤其在古县治所在的九峰镇居多。

芦丰村丰作厥宁楼

一、大型夯土墙

闽东北民居建筑夯土墙多采用桢榦夯土技术，这是直接从北方中原继承到南方落地的建造方式，已有几千年建造史。闽西南相比闽东北，汉人人居历史相对较晚，在唐朝大一统时期才有了华夏文化的广泛传播，夯土墙技术也随着时空流转而蜕变，从闽东北鹫峰山脉一带桢榦夯土技术的奠定，再经过闽中土堡的过渡，到了闽西南博平岭一带进化出一种版筑夯土技术。这是简化版的桢榦夯土技术，只需 3-5 人一组便可操作，灵活便利的方式可以迅速传播。由唐到宋再到明清，这种技术在福建土楼人居建造史里登峰造极。这种简易的小片断式夯土方式，正好为大量圆形土楼的建造催生了更好的技

术条件，只有这种小片断、小体积相互错缝搭接的夯土才有可能修整为大弧形或圆形形态，且不留一点棱角与缝隙。这种圆形土楼的版筑夯土方式是把源于中原的夯土技术推到了巅峰，这要在明中期以后的平和县域才会完全实现。当然，平和县五寨乡一带方形土楼里硬度极强的夯土技术又是非常特别的一个现象，闽南沿海的土楼多采用这种夯土技术。这种非常硬朗的红砂质地三合土夯土墙，一方面是加了生石灰，一方面是和本地富含粗砂的土质密切相关。

纵向承重夯土墙

　　相比博平岭一带内部采用纯木构的土楼，平和式土楼内部每个开间都是以夯土墙作为承重与隔断，且建造规格与外墙同等。由于有了纵向承重夯土墙的加持，平和式土楼外墙一圈夯土厚度相对薄一些，但总夯土量仍是博平岭土楼的 2-3 倍之多。这种纵向夯土墙不但可以隔绝火灾的蔓延，而且可营造的层数更多、规模更大，这在平和圆形土楼群中多见，典型如芦溪镇芦丰村的丰作厥宁楼。土楼采用纵向夯土承重与隔断，还减少了大量木材的使用，就地取材的土壤是不用花钱买的，夯土只需更多的劳力而已，这种方式显然在农耕社会更为合适与节省。正如本书前言所述，从多方面来观察平和圆形土楼的起源，不难发现，圆楼诞生在平和县域不是偶然奇迹般从天而降，而是夯土建造历史发展的必然。

优美村继述楼

优美村继述楼

新南村楼坪楼一

新南村楼坪楼二

芦丰村丰作厥宁楼

埔坪村绥丰楼

亢村下堀楼

岐山村无名楼

埔坪村思永楼

龙心村宁胜楼一

龙心村宁胜楼二

夯土工艺

　　相比闽中土堡，以及大量的闽东北夯土民居建筑，福建土楼的夯土工艺与规模都远高于前二者，特别是以纵向夯土墙承重的平和单元式土楼。平和土楼夯土工艺一流，特别是五寨乡一带三合土红色土壤的大型夯土墙，所建造的土楼可与西方罗马角斗场相媲美，如寨河旧楼、埔坪思永楼等。这种夯土工艺建造的土楼异常坚固，颗粒细密，如生铁般坚硬，经年累月暴露在雨水中冲刷依然方正如初，墙面布满悬挑支撑橼木留下的圆洞，楼屋顶没有伸展的大出檐，与仿土楼的青红砖土楼类似，固若金汤。这种版筑工艺建造的土墙，上百年后已浑然为整体，几乎看不出衔接累土的分层痕迹。一般生土夯土的版筑，只要暴露在风雨之中，都会冲刷出如年轮般的累土分层肌理，美轮美奂。最为让人赞叹的是，这种三合土版筑夯土技艺用在大型圆形土楼上，不会出现任何分层夯筑的痕迹，这就是微积分数学里的无限接近算式，也是中国数学里的无限切割方式，墙体以直线片断的小体积夯筑，组合成浑圆闭合的弧形墙面。平和式圆形土楼的诞生需要这种标准化数学思维的深度参与，才可从平和式依山就势建造的城寨豹变为圆形土楼均等的居住方式与夯土技艺。

寨河村寨河旧楼一

寨河村寨河旧楼二

寨河村寨河旧楼三

寨河村寨河旧楼四

寨河村寨河旧楼五

优美村赤楼

龙心村宁胜楼

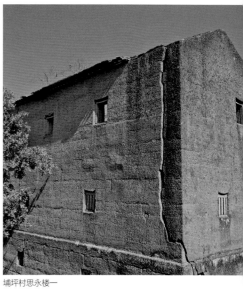

埔坪村思永楼一

埔坪村思永楼二

勺村新楼

钟腾村永平楼

枫埔村下楼

村东村清溪楼

埔坪村绥丰楼

白楼村白楼

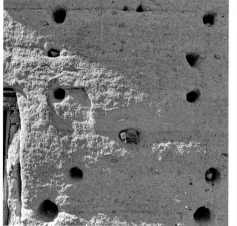

龙心村无名楼

芦丰村丰作厥宁楼

宜盆村虞古楼

福坑村卓峯楼

福塘村奎聚楼

二、单元式多进合院

    平和式土楼与博平岭土楼最大的区别就是居住方式的巨大差异，二者形态貌似相同，而内部却另有乾坤。博平岭土楼外围以厚实的夯土墙围合，内部则是纯木构架层叠搭接建造，相互倚靠着，极大地发挥了木构体系的超稳定性与弹性，其居住空间都用内通廊联系，类似集合住宅的楼梯走廊共享方式。平和式土楼是以夯土墙在内部分割开间，以简支横梁插入夯土墙分层，以开间为基本单位组成独立合院式门户，单元内部设有独立楼梯，有的纯粹是一个开间为一个门户，进深长的可分出多进院落，进深浅的只有门厅无天井院落。

福塘村福庆楼

秀峰村朝阳楼

黄田村衍庆楼

梨坑村溪平楼

官峰村无名楼

芦丰村丰作厥宁楼一

芦丰村丰作厥宁楼二

坑里村新楼

高坑村六成楼

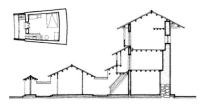

单元式门户手绘图（黄汉民绘）

扇形跌落式单元

平和圆形土楼为均等的标准开间面宽，用夯土墙进行分割，开间宽度大致是一根天然普通原木可承受的 3-5 米长度，这是整个扇形单元私密空间的宽大后部，前部则根据实际居住需求进行组合，有的两开间组合一个带天井的完整单元，有的三开间组合更大的天井院落。最为特别的是纵向分割的夯土墙，根据通廊的需求与土楼的高度，从上往下每层跌落形成阶梯状夯土隔墙，以便承接通廊，或做层层的退台处理以收纳更多阳光。

南湖村无名楼一

新村村成德楼

连新村无名楼一

连新村无名楼二

白叶村金星楼

宝南村宝鼎金垣楼

秀峰村寿山楼

南湖村无名楼二

连新村詹厝楼

连新村顺兴楼

村东村奎壁联辉楼

黄田村联辉楼一

钟腾村后坪余庆楼

黄田村联辉楼二

角部院落

　　博平岭方形通廊式土楼可结合公共楼梯轻松化解死角空间，而平和单元式土楼的四个角部空间要分隔成相对复杂的合院才能被化解或有效利用。典型的要数九峰镇黄田村的詠春楼。这种角落单元式门户合院较为复杂，开门需曲折进入，天井结合走廊在中间，靠着两面墙先要安排好一层楼梯和厅堂位置，再分配二层居住空间。单元式方楼，最先毁坏的是角部，因为这个部位屋顶及夯土施工工艺相对复杂。

黄田村詠春楼一

黄田村詠春村

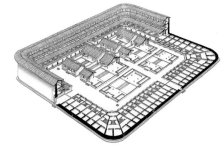

西爽楼手绘图（黄汉民绘）

黄田村詠春楼三

东槐村聚德楼一

东槐村聚德楼二

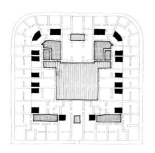

角部院落测绘图组图

青红砖门户

　　平和土楼大多采用青砖拱券门户饰面，其内院立面一整圈都以青砖构筑。进入门户，有的进深较大，门户之间的隔墙也是采用青砖砌筑，或用花墙隔断。在花山溪下游两岸，很多土楼会使用红砖作局部装饰，青红砖相互映衬，展现青红砖相间的漳州地域建筑特色。

新村村成德楼

青红砖门户组图

蕉路村楫璧楼

三、单元与通廊结合的空间组合

平和单元式土楼以开间为基本单位隔断后组合而成，方形土楼在第二层或第三层设内通廊的较少，新中国成立前建造的高于二层的圆形土楼基本都设有内通廊，特别是中大型土楼，第二层通廊多半开敞，第三、第四层通廊一般用木格栅隔断封闭，且通廊逐渐后退半米左右，有的开间纵向夯土墙没有后退，便在墙壁开凿门洞，再形成连续通廊。单元式组合门户空间除了独立设楼梯外，有的在土楼公共门厅一侧设楼梯与楼层通廊衔接，设置公共楼梯，使得交通可在公私之间转换，灵活多变。新中国成立后建造的平和圆形土楼大多二层高，无通廊无天井且进深浅，只有居住功能，有防护无防御，这类单元门户围合的圆形土楼演变为较为简易的形态，如同汉字的简化版本。

单元式土楼内通廊与隐通廊组图

村东村清溪楼

南湖村南溪楼一

黄田村联辉楼

东槐村聚德楼

新村村成德楼

南湖村南溪楼二

新南村南山楼

东槐村溪春楼

南湖村祥和楼

蕉路村绳武楼

四、多样化的夯土建筑形态

    平和土楼不但在整个县域相对均匀分布，而且建筑形态多种多样，拥有较为完整的演化形式可供观察。毕竟，建筑文化关联着居住方式，居住方式与建筑形态有着密切关系。从由初级到高级的外在演化规律来看，圆形土楼是高级形态，初级的是平和式城寨，次一级就是异形，依次是马蹄形、祠堂中心型，而方形土楼则是另外一回事。这仅是我们对演化线索进行线性推测的勾画，实际的建造史实要比我们观察到的更为复杂和动态，正如本书前言所述，这要涉及文化高度、经济基础，还有可遇不可求的历史机遇。

南湖村南溪楼

典型圆形土楼组图一

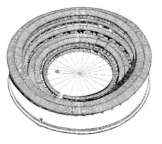

黄田村龙见楼手绘（黄汉民绘）

圆形

　　圆楼占平和土楼总数的七成之多（包括椭圆），这些圆形土楼大多是明末清初形成规模，在康乾盛世达到顶峰，之后就是兴衰周期的稳定期，直到新中国成立后最后一波集体化时期建造的圆形土楼，它们在平和大溪镇与安厚镇居多，因为那里人烟密集，土地有限。特别值得一提的是，正如本书前言所述，平和单元式圆形土楼顺着溪流往下游输出到邻近的诏安县、云霄县及邻省广东的饶平县。

典型圆形土楼组图二（包括椭圆形）

福塘村奎聚楼

宝南村竹树楼

方形

　　方楼在平和土楼总数里仅占三成，虽然数量少，但福建土楼中有明确纪年最早的方形土楼在平和。崎岭乡南湖村崇庆楼是1524年建造的方楼，是迄今所知最早建造的方楼，排行第二的是1583年建造的方楼延安楼。圆楼在明末清初才大量出现。平和方形土楼都是单元式居住方式，角部单元的合院空间最大且有趣。这些方形形态的土楼四角方正的最多，而后方两角抹圆或前后四角抹圆的较少。

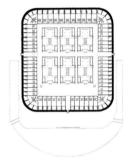

方形土楼詠春楼手绘（黄汉民绘）

方形土楼西爽楼复原图手绘（黄汉民绘）

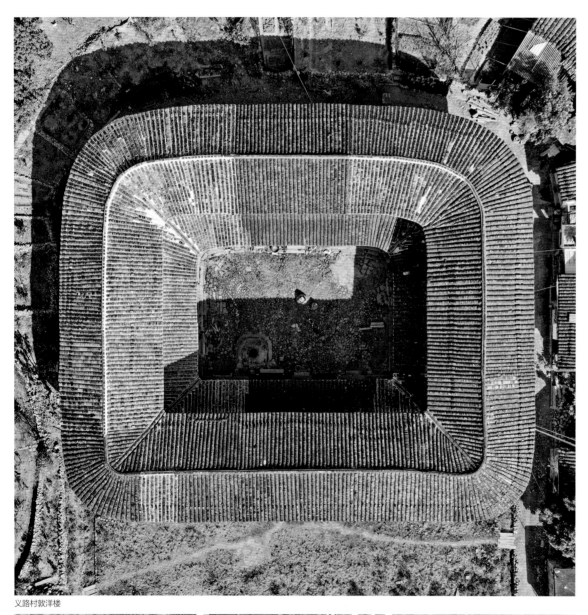

义路村敦洋楼

方形土楼组图一

方形土楼组图二

宝南村萃英楼　　　　　　　　　　九曲村无名楼

黄田村联辉楼

马蹄形

马蹄形土楼又称畚箕楼，形态后大前小，后方被塑造成大弧形的饱满形态，前方为简洁线性围合。这种形态在平和县域中为数众多，有时会被误判为方楼。广东的围龙屋也有类似这种的大弧形，但它没有封闭，而平和的马蹄形土楼是全封闭的且防御性较强。有的马蹄形土楼还未发育完全，前方的直线围合比较随意，仅建造一层，仅有防护没有防御，我们把这类楼房归为夯土民居。

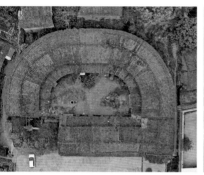

马蹄形或畚斗状土楼组图一

铜中村挹爽楼

前岭村楼仔坪楼

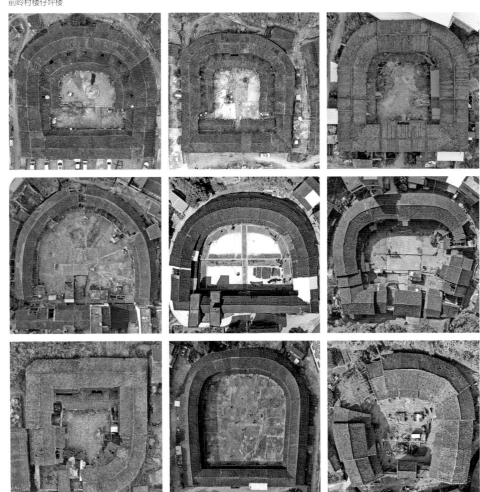

马蹄形或畚斗状土楼组图二

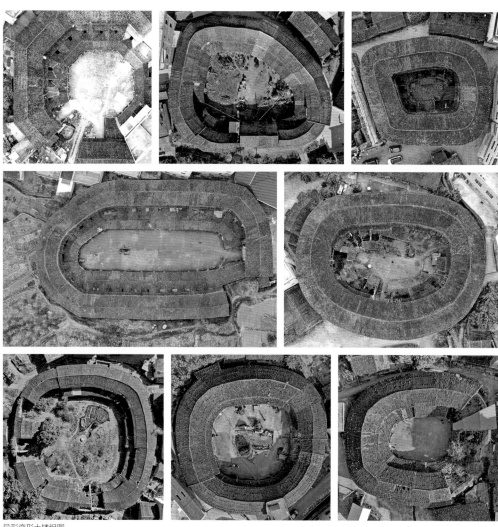

异形变形土楼组图

异形

　　由于自然地势或人烟密集地块所限，有些土楼只好因地制宜，最大化地利用基地进行建造，因此会出现各种形态的土楼，相对典型的方圆土楼，称作异形土楼。异形土楼在平和为数不少，有的规模巨大，有的体量较小，有的形态在方圆之间，有的狭长近百米，有的近乎三角形，平面形式变化多端，让人眼花缭乱。这些土楼尽管如寄居蟹般为适应环境而变形建造，但内部空间基本都是单元式组合，有的巨型土楼显然是由平和式城寨直接演化而来。

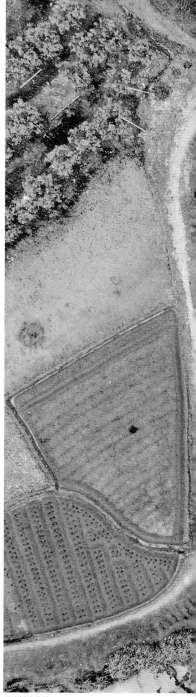

秀峰村边背楼

宜盆村虞古楼与龙船楼

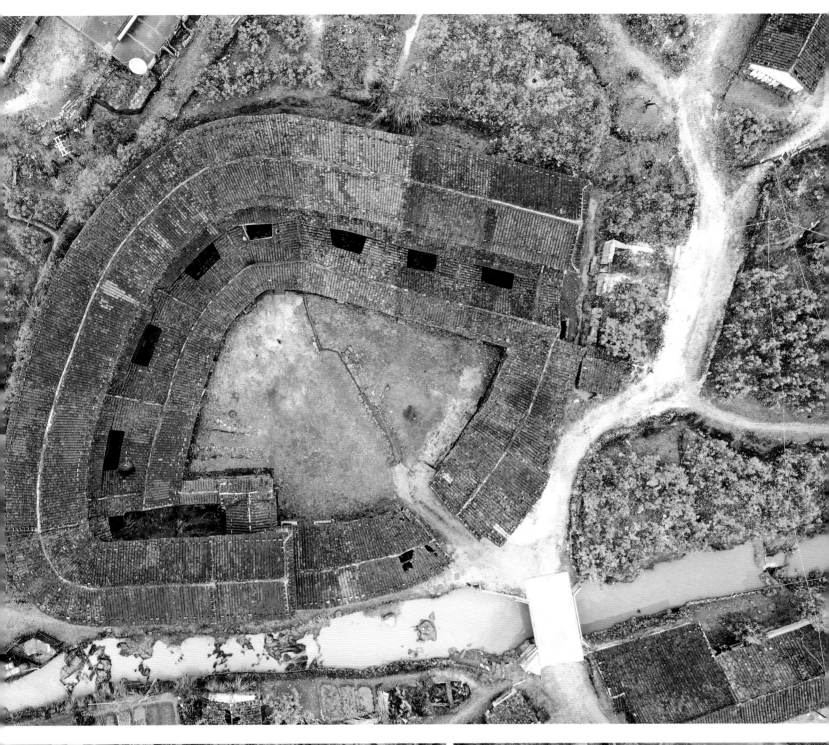

白石村无名楼

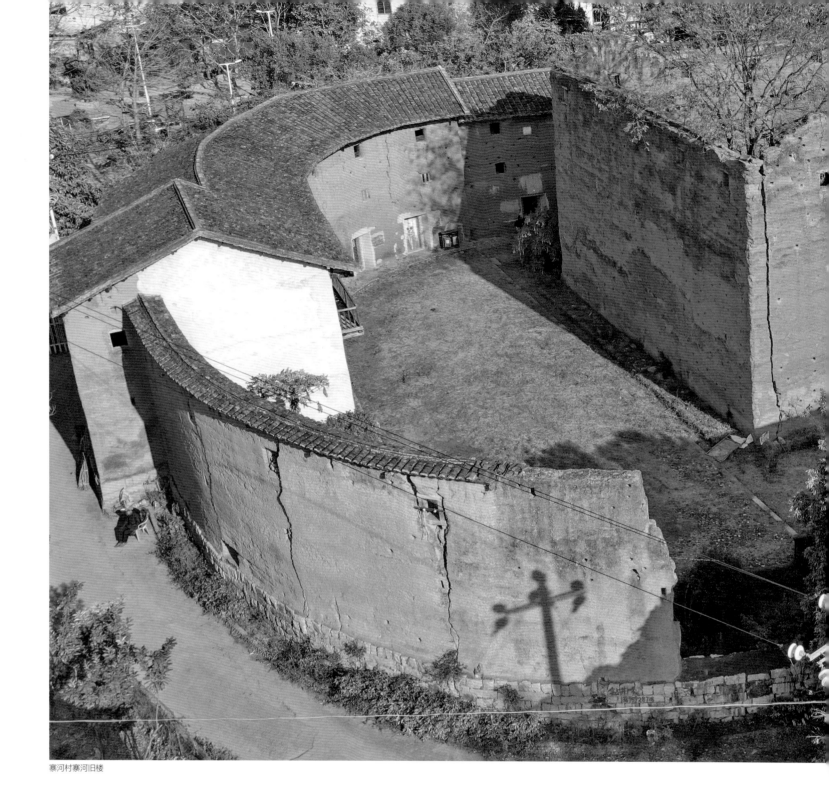

寨河村寨河旧楼

楼心型

　　楼心型土楼比较罕见，目前只有寨河旧楼与埔坪思永楼比较完整。楼心型土楼实质就是两个方楼相套，称作"楼心"的内方楼较高，外方楼较矮，且后方抹圆。相较而言，双环或多环的圆楼在平和土楼建造史上比较多，有的就是"楼包"闭合后的形态。这种楼心型土楼楼心部分为地位最高的主人居住，设置得最安全，外围往往是第一道坚固防线，内外方楼异常坚固，不仅体现在高超的夯土工艺上，还体现在外方楼墙外伸出的无死角炮楼防御体系中。

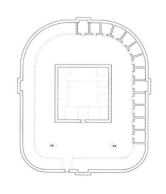

寨河村寨河旧楼测绘图

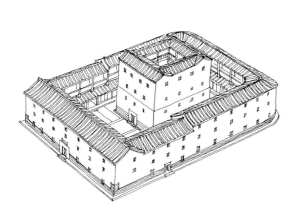

埔坪村思永楼手绘（黄汉民绘）

埔坪村思永楼

祠堂中心型

　　祠堂中心型土楼多数是有地势高差的马蹄形土楼，或是这类土楼的演化。在典型成熟期的福建土楼中，姓氏族群的祠堂或宗祠或家庙设置在土楼之外，至多在轴线后方尊位预留祖堂，供奉先祖牌位，或作书斋，或作议事厅堂。如果需要强化礼仪秩序的土楼，也偶尔出现在中心设置的合院式祠堂。这类土楼实质是还未完全脱离封建纲常伦理秩序而呈现的若即若离现象。

庄上村恒升楼

峰山村凤阳楼

江寨村无名楼

合溪村无名楼

泮池村山坪头楼

新红村无名楼

四、多样化的夯土建筑形态　371

江寨村鸟瞰图

顶寨村永利楼

祠堂中心型土楼组图

东风村环溪楼

五、带"楼包"土楼

    随着族群人口的不断增长，在平和相对平坦的盆地、山谷及平原，围着先祖建造的核心土楼，人们在外围逐渐建造了类似护厝的"楼包"，根据土楼的具体形态、地势及需求，这些"楼包"建得形式多样，有的如神龙摆尾（如植璧楼），有的三四圈如涟漪般扩展（如环溪楼），还有的几座楼的"楼包"连为一体而成为车轮链条状（如内林村土楼群），大多数"楼包"只是以片断的形态在土楼后方或四周随机营建。有的"楼包"被不断追加而几乎成为外围闭环土楼。不管何种形态的"楼包"，都是采用单元式门户空间布局，进行标准化营建，有的规模巨大，超越先祖核心土楼的四五倍不止。这种营造习惯与共识在平和地域流行，这就可以解释一座土楼为什么就可以成就一个天然聚落了。

带"楼包"土楼组图一

西坑村迎阳楼

南胜村萃秀楼

旧楼村下楼一

蕉路村植壁楼视角一

金光村长利楼

五村村后壁溪楼

蕉路村植壁楼视角二

彭溪村阳光楼

东槐村聚德楼

新村村成德楼

山边村埔美楼

带"楼包"土楼组图二

旧楼村下楼二

东槐村阳春楼

带"楼包"土楼组图三

山岗村无名楼

山口村官洋楼

"楼包"巷道组图

六、石刻纪年楼匾

　　平和县域普遍流行在土楼楼匾上题刻楼名与纪年。通常找知音好友且是有一定身份地位的名人雅士题写，越是有威望的楼主，楼名题写人的地位越高。中国社会是以文治国，除非在群雄争霸的短期战乱时期，一般长久和平时期都是以礼仪为重，文人士人为第一等人物，土楼楼匾及楼门楹联这么讲究的题刻可传世，且人们进出之间天天在眼前如沐春风，如此相互之间形成士林风气，这应是王阳明设县而兴文教之风的硕果。平和可贵的纪年土楼群同时也给我们提供了确凿的福建土楼明清建造史，避免为了某种目的而夸大其词、胡编乱造的可能，从而正本清源，还原中国华夏传统营造活动在民间大量的建造史实，为百年巨变中的人居人文生态环境打好转化与创新的厚实基础。

七、土楼出挑望斗

　　平和单元式闽南人土楼与博平岭客家人土楼有个差异较大的地方，就是楼外悬挑的木构阳台，在平和又称"望斗"，而在南靖称作"楼斗"，前者比较简易且没什么防御功能，显然主要为日常生活提供晾晒便利；后者则是实实在在为了瞭望或射击而作的防御设施，一般栏杆与地面都设有青砖做盔甲，且留有射击孔。平和土楼的"望斗"悬挑可延伸得比较长，有的只是个木构架，显得比较随意，生活味浓厚，大多出现在圆楼的顶层外围。

八、青红砖组砌工艺

    在平和花山溪中下游一带，特别是下游溪流两岸聚落所处的福建红砖文化区与青砖文化区的交汇过渡地带，经常见到青红砖组合建造的土楼或民居，砌筑工艺考究，工匠手艺一流，一改土楼素面朝天的风貌。这些青红砖相间的传统建筑出现的聚落，一般财力雄厚，人烟密集，房屋与土楼密度极高，山格镇铜中村聚落是其典型。有的建筑以红砖为主，点缀青砖，有的则相反；若是以青砖为主砌筑，青砖青色浓淡相间，在阳光下质感极强，特别是在岁月的冲刷下，历久弥新，观感极为舒适。青砖与红砖混搭的花山溪区域，正可以说明花山溪通过月港在明清时期不断沟通着沿海与山区的财富与地域建造文化。

九、土楼方框石拱门

　　平和土楼最典型的方框石拱门都出现在明清之际，且是越早越气派，花岗岩条石砌筑得越简洁厚实，如延安楼、崇庆楼、丰作厥宁楼、薰南楼。延安楼与崇庆楼的方框石拱门是明中后期花岗岩砌筑技艺的精品，细节古朴，雕刻典雅，有明代高士之风，二者都是三段式设计，前者仿木相套的石牌坊最为特别，后者方圆比例协调，方柱、石板、石条及仿斗拱要素丰富多样又不失洗练简洁。这两者应是率先垂范，后来者不断模仿与传播，以致平和方圆相套的石砌土楼大门成为一种地域性的流行特色。

十、内院大石坪

    由于大多数平和土楼靠近溪流建造，楼内一般满铺鹅卵石，地坪周边较低，使得雨水可迅速排出。有的土楼大坪运用鹅卵石做出设计花样，或在圆形土楼圆心用较大圆形石头做标记，周围铺的小石头犹如涟漪围绕，或做出扇形分区铺砌地面。还有少数土楼人家财力雄厚，用花岗岩条石满铺大院，大多以甬道为中轴线，再分区块铺砌；有的局部镶嵌红色地砖，水平而整齐，满院生辉。

条石铺砌

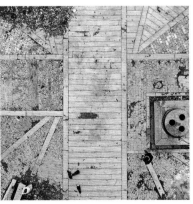

卵石铺地

十一、拼接石井

　　选址建土楼应是先选水源，平和土楼内院大坪上都有一两口水井，大多是花岗岩砌筑，工艺精湛。土楼水井呈现多种形态，圆形居多，还有八角形或方形，有的水井至今清澈满溢。最为特别的是，这些石井砌筑方式极其巧妙，有的用两三块大石板拼接而成，还凿刻排水沟渠（典型如丰作厥宁楼的拼接水井），有的仿木构榫卯结构进行错缝搭接，成为浑圆整体，经历上百年依然完好。

十二、木构装饰

    闽南传统建筑的木构体系装饰花样繁多，其中平和传统建筑木构体系是典型的闽南山区风格（泉州、漳州市区及周边是沿海风格）。平和几乎每个聚落在明清各个时期都有移民台湾者，与台湾木构建筑同源同根。平和传统木构装饰主要体现在祠堂庙宇中，建造规格与格调之高，首屈一指，特别是在抬梁与卷棚束木下的束随、看随、束尾部位，梁架交叉下的瓜筒，梁架底部承托部位的狮座，以及垂花柱，每个构件都精细雕刻，或各类花卉或各路神兽，再辅以彩绘，美轮美奂。特别是有些部位做了贴金处理，使得连绵似锦的彩绘金光闪闪，永不褪色，热闹非凡。

木雕

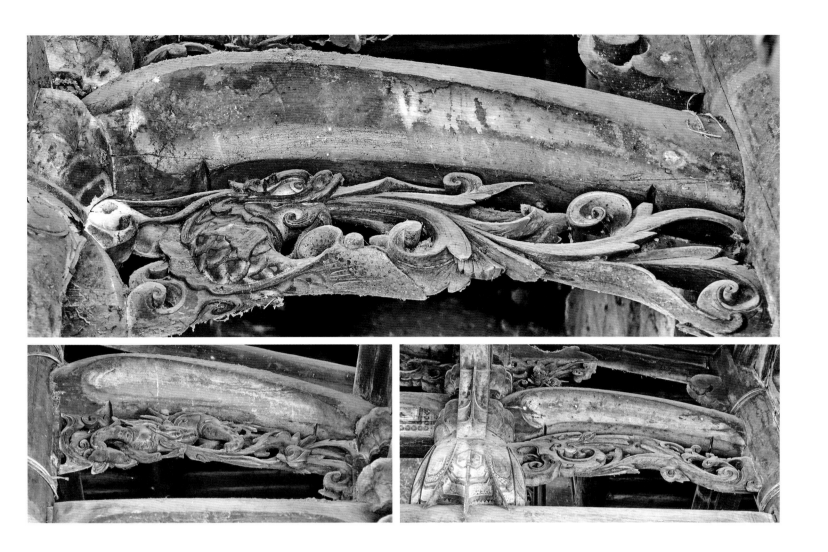

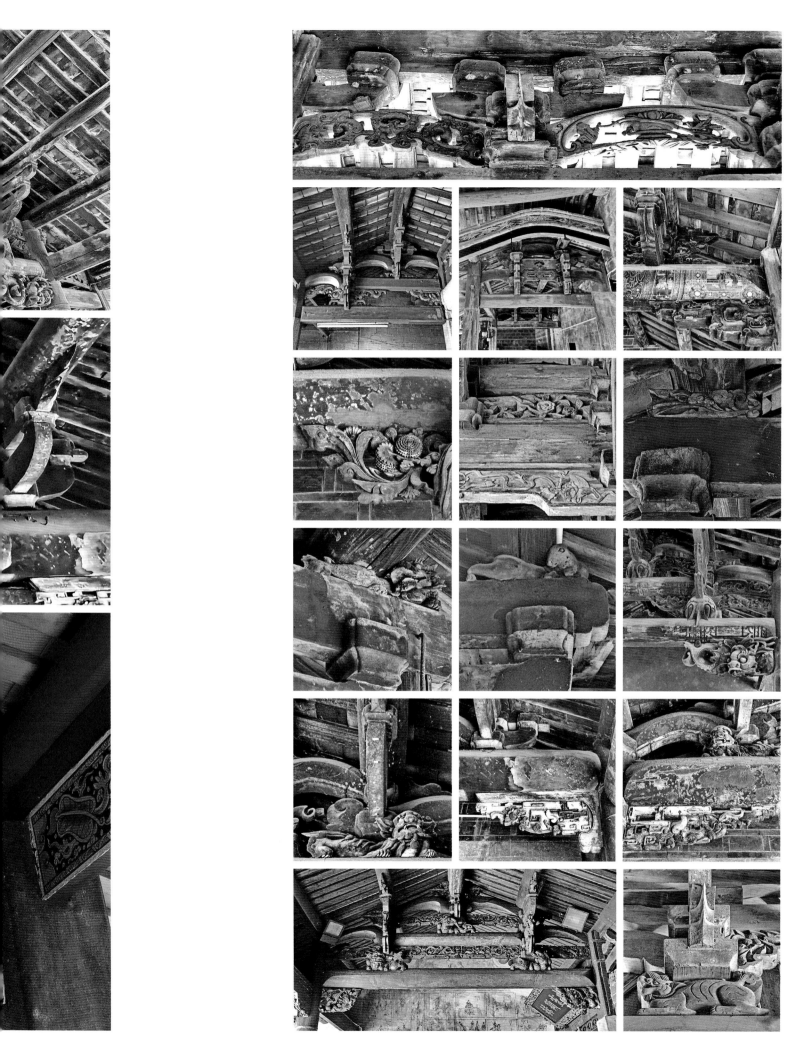

彩绘

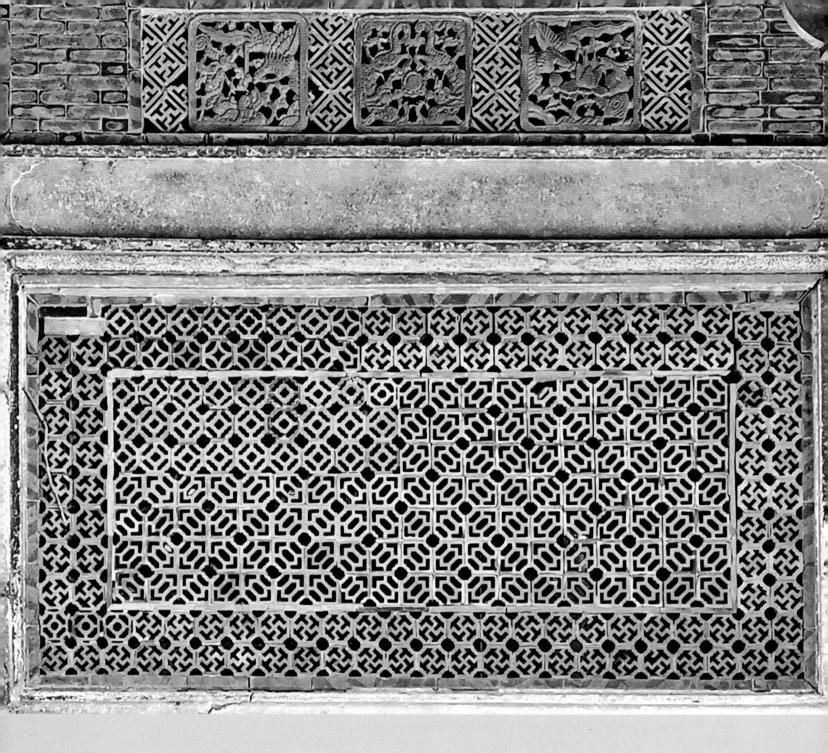

十三、漏窗装饰

在墙开洞镶窗为牖，在屋开窗取光通风为窗。平和漏窗装饰，在窗户上要么以石棂格栅简易打造，要么直接镶嵌细密红砖饰品如织锦灿烂，或者直接镶嵌一个花式圆窗或方窗；在户牖上，有的以青砖层叠巧妙搭接，多层次立体构筑，空间感极强，而有的也采用红色花砖标准化镶嵌编织。

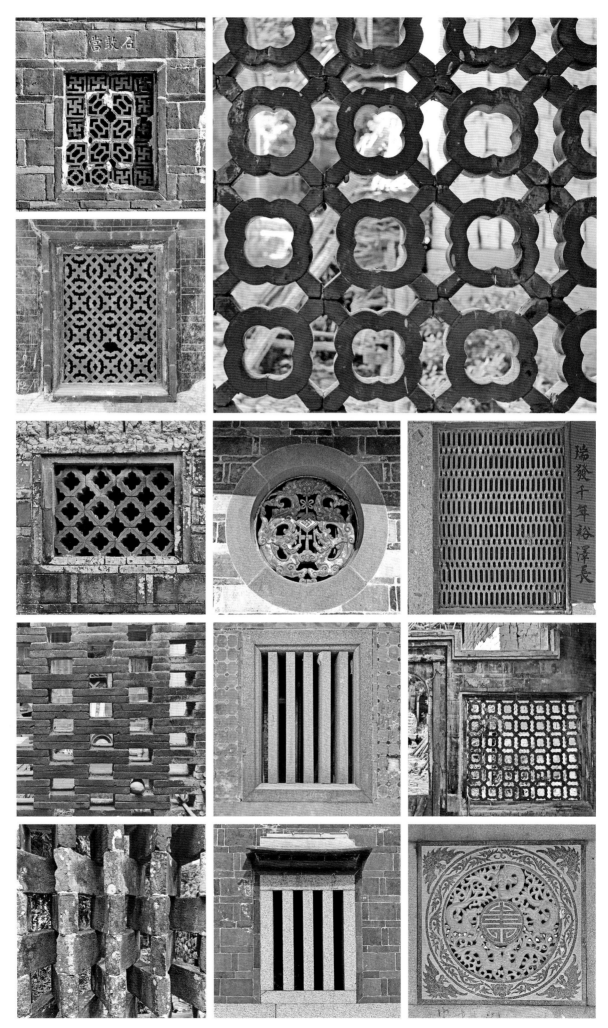

十四、剪粘装饰

　　用这种即兴破碎彩色碗片随机设计造型，或装饰屋脊飞龙，或勾画飞檐凤凰，极具活力与跃动之势，色彩绚烂的瓷碗碎片化后如同中东伊斯兰建筑中的马赛克，各种冷暖色调的搭配，使人赏心悦目。带有闽南特色的剪粘（剪碗）及嵌瓷工艺在平和祠堂寺庙集大成，最为特别的是，在庙宇屋顶"规带"或垂脊"排头"部位经常出现动态的戏剧人物造型，个个活灵活现，如同神兵天降。

十五、石造工艺

　　石造工艺在平和传统建筑里，除了用于建造方框石拱门之外，还应用于庙宇前廊的仿木构石造梁架、各种柱廊的石柱、柱础、大门或门户的门簪、门臼。平和庙宇石构梁架一般与石造门框结合，受力点主要在"石景"或石拱的悬挑上，有的只有石拱挑出大屋檐，建造工艺精确而浑圆厚实。石柱主要在平和文庙中，有大量明代方柱、八角柱，这些柱身与柱础连为一体，实属罕见，还有榜眼府的硕大梭柱与城隍庙的龙柱，个个都是难得的上乘精品。平和土楼大门十分气派，文人气息浓厚，除了镶嵌各种浮雕石板之外，还有门楣上一对如大印章的门簪，正面阴刻万字纹或其他纹饰，类似的石造构件还有简易的土楼门户门臼，纹饰贴近生活，使得空间充满烟火气。

石构梁架

石柱

石柱础

门簪门臼

其他

十六、平和土楼主人谱

  如今福建土楼已成为世界性的名片，特别是圆形土楼的居住方式与夯土尺度给人带来震撼，然而建造这些土楼的主人们已逐渐老去，面对这上百年的建造奇迹，他们已被遗忘太久。当人们把土楼当作一种外在的猎奇观光物看待时，这些土楼只是形式的存在。而古老的夯土技术却一直在创造着实实在在的生活空间，延续数百年，至今还有人居住。在我们研究福建土楼建造史，特别是平和圆形土楼的起源史时，我们特此呈现平和土楼主人谱，他们之中有的亲自参与了土楼的建造，有的至今仍然生活在土楼之中。

后
记

POSTSCRIPT

——平和土楼是一部福建土楼建造史

在作平和土楼的全面普查中，我们走遍平和的山山水水，深刻地认识到，福建土楼绝不仅是方圆之间的形式外壳，它更像是从古老华夏中原大地走来的一部建造史诗，这就要求我们必须重新认真洞察这部难能可贵的土楼建造史，以便给当下创新乏力的中国式建筑设计带来些许有益启迪。这部建造史应内含四个方面：1. 在明清之际这种生态型大型夯土建造工艺的创新与变革；2. 具有颠覆性的标准化均等化营造单元式门户居住方式；3. 以平和纪年土楼为历史路标的阳明心学所发挥的高屋建瓴作用；4. 花山溪一带集经济与文化于一身的平和土楼扮演了使得农耕文明与海洋文明深度牵手的重要角色（平和县域的花山溪是九龙江西溪上游的重要支流，明清之际通过全国唯一对外开放的漳州月港而将瓷器远销海外）。因此，这部平和圆形土楼诞生的建造史不仅仅是工匠队伍的分内事务，更像是一大群文人与商人的合谋共演。在中国当下正在经历的伟大复兴时刻，这部建造史的研究更具特殊意义，它牵连着众多建筑文化、人居文化，甚至生态文明的重大启示。我们在此所呈现的千幅图像，以及近六万字的论证与解释，仅是抛砖引玉，也仅是这个地域历史上建造规模的冰山一角。

2022 年初我们完成的《南靖传统建筑》一书，对博平岭土楼有了系统认知。这本《平和传统建筑》的撰写前后历经两年多时间的深入调研，我们终于看清了占平和传统建筑主体地位的圆形土楼的真面目，并提出福建土楼的两大分类，一大类是客家人的通廊式博平岭土楼，另一大类是闽南人单元式平和土楼。平和传统建筑不可忽视，平和的圆形土楼更不可忽视。在这本《平和传统建筑》即将杀青付梓之际，在此特别感谢平和县住房和城乡建设局赖建生书记的大力支持，他亲自带队考察传统村落，还有村建站站长何智贤的考察安排与提供材料线索，还要感谢平和县宣传部副部长张山梁学者对王阳明在平和事迹的深入介绍。在考察期间，得到福建省建筑设计研究院有限公司的大力支持，也得到平和县各级乡镇干部、民间热心人士的协助，特别是九峰镇副镇长朱松和与芦溪镇村建站站长陈小达，以及考察王阳明事迹的民间信仰人士，最后还有李润南先生、黄坤华先生提供了精彩照片，在此一并感谢。

这是我们近年"福建传统建筑系列丛书"撰写中历时最长、投入心力最多的一本，在书中我们提出新的系统理论观点。我们希望在较短时间内不但身肩抢救福建建筑遗产的任务，还需深入研究建筑文化，使得自成一体的福建丘陵传统建筑以此获得最大的自我价值，同时向上衔接古代中原文化，向外对接海洋文明。书中若有不当之处，望不吝指教。

附录

平和县不可移动文物古建筑

级别	序号	名称	年代	地址
全国重点文物保护单位	1	平和城隍庙	明、清	九峰镇东门内
	2	绳武楼	清	芦溪镇蕉路村
	3	庄上大楼	明、清	大溪镇庄上村
省级文物保护单位	1	三平寺	唐、宋、元、明、清	文峰镇三平村
	2	侯山宫	明、清	小溪镇西林村
	3	前山胡氏家祠	清	南胜镇前山村树下组
	4	埔坪林氏宗祠建筑群	清	五寨乡埔坪村
	5	薰南楼	清	坂仔镇民主村
	6	林语堂故居	民国	坂仔镇宝南小学
	7	报本堂（吴凤宗祠）	清	大溪镇后时村
	8	榜眼府	清	霞寨镇钟腾村
	9	天湖堂	明、清	崎岭乡北向南湖村
	10	平和文庙	明、清	九峰镇平和二中内
	11	追来堂	清	九峰镇杨厝坪
	12	中湖宗祠	明	九峰镇大洋陂
	13	崇福堂	明、清	九峰镇复兴村罗寨庵
	14	黄田土楼群	清	九峰镇黄田村
	15	中共平和县委旧址	1927年	九峰镇积垒村
	16	小芦溪点编旧址	1927-1943年	芦溪镇秀芦村
	17	平和暴动旧址	土地革命时期	长乐乡联三村下坪
	18	福塘建筑群	清至民国	秀峰乡福塘村
	1	虎尾山大厝	清	文峰镇三坪村
	2	慈惠宫	明、清	山格镇半字一街东侧
	3	牛头城遗址	明	小溪镇新桥村原党校内
	4	红三团北上集中处	抗日战争时期	小溪镇中山公园内
	5	蔡氏大宗祠	清	小溪镇坑里村下坂
	6	琯溪威惠宫	清	小溪镇中东街
	7	拱西楼	清	小溪镇内林村
	8	霞苑黄氏家庙	清	小溪镇坑里村
	9	红三团团部遗址	土地革命时期	南胜镇欧寮村
	10	南胜城隍庙	清	南胜镇南胜村
	11	敌天龙宫（内、外庵）	清	南胜镇云后村
	12	庄氏大宗	清	五寨乡中溪圩内
	13	中共闽南特委旧址	土地革命时期	五寨乡东南方红仔山
	14	林氏大宗	清	五寨乡埔坪村内
	15	何氏节孝坊	清	坂仔镇东古洋
	16	心田宫及赖氏家庙	清	坂仔镇心田村
	17	宾阳楼	清	坂仔镇东风村
	18	环溪楼	清	坂仔镇东风村
	19	黄梧宗祠	清	国强乡碧岭村口
	20	陈氏大宗	抗日战争时期	国强乡政府内
	21	六成楼	清	国强乡高坑村溪坪组
	22	林氏家庙	清	安厚镇龙头村

级别	序号	名称	年代	地址
	23	振峰庙	清	安厚镇美峰村
	24	高隐寺	清	大溪镇西南向赤姿村
	25	笃庆堂	明	大溪镇庄上村
	26	总兵府	清	大溪镇店前村
	27	济阳堂	清	大溪镇江寨村
	28	西爽楼	清	霞寨镇西安村
	29	新寨庙	清	霞寨镇建设村
	30	松溪岩	清	霞寨镇小坪村
	31	周碧初故居	民国	霞寨镇群英村
	32	朝阳楼	清	霞寨镇钟腾村
	33	余庆楼	清	霞寨镇钟腾村
	34	霞山兴宗堂	明	霞寨镇寨里村
	35	聚德楼	清	霞寨镇建设村楼内组
	36	追远堂	明	霞寨镇岩岭村
	37	碧水岩	清	芦溪镇东向桥侧
	38	丰作厥宁楼	清	芦溪镇芦丰村
	39	漳汀城隍庙	清	芦溪镇漳汀村枋头坂
	40	陈氏家庙	清	芦溪镇秀芦村蕉和厝
	41	朝光宗祠	清	芦溪镇芦丰村（坝坪）
	42	植璧楼	清	芦溪镇蕉路村
	43	联辉楼	清	芦溪镇芦丰村
	44	慎追堂	清	崎岭乡新南村溪边楼
	45	孝思堂（林氏宗祠）	清	崎岭乡时坑村
	46	上坪乡农民协会旧址	土地革命时期	九峰镇积垒村
	47	龙章褒宝牌楼	明	九峰镇东门内
	48	廖氏贞烈坊	清	九峰镇顶仑村
	49	威惠庙	宋、元、明	九峰镇东门外
	50	紫阳大宗（朱氏宗祠）	明	九峰镇城东后龙山
	51	曾氏家庙	明、清	九峰镇平和二中旁
	52	考经堂（福田家庙）	明末	九峰镇福田村
	53	龙见楼	清	九峰镇黄田村
	54	咏春楼	清	九峰镇黄田村
	55	衍庆楼	清	九峰镇黄田下村
	56	萃文楼（朱氏家庙）	明、清	九峰镇水门巷
	57	惜纸塔	清	九峰镇白石岩
	58	八卦井	清	九峰镇黄田村碧楼前
	59	朱氏祖祠	清	九峰镇中山东路
	60	紫阳进士第	清	九峰镇东街
	61	霞田六湖公祖祠堂	清	九峰镇九峰村霞田组
	62	少尹第	清	长乐乡联三村下坪组
	63	敦睦堂	清	长乐乡乐北村
	64	寿山耸秀楼	清	秀峰乡福塘村
	65	聚奎楼	民国	秀峰乡福塘村
	66	茂桂园建筑群	清	秀峰乡福塘村

平和县传统村落名单

荣誉	传统村落
中国历史文化名村	霞寨镇钟腾村
福建省历史文化名村	秀峰乡福塘村
中国传统村落	大溪镇庄上村
	霞寨镇钟腾村
	芦溪镇芦丰村
	秀峰乡福塘村
	九峰镇黄田村
福建省传统村落	九峰镇黄田村
	坂仔镇山边村
	国强乡新建村
	五寨乡埔坪村
	霞寨镇寨里村
	芦溪镇东槐村

平和县历史建筑名单

批次	地址	历史建筑
第一批	文峰镇	龙山村张氏民居
	山格镇	宝丰村总兵府
		新陂村吴氏家庙
	小溪镇	古楼村大楼
		古楼村凤山楼
		古楼村张氏民居
		内林村内外巷
		内林村玉璧增辉楼
	五寨乡	寨河村蔡新故居
		寨河村府衙
	坂仔镇	宝南村宝鼎金垣楼
	国强乡	白叶村玉明楼
		白叶村黄氏祖祠
	大溪镇	大二村金峰楼
		下村村上楼
		下村村中楼
		下村村下楼
		宜盆村新楼
	霞寨镇	团结村西兴楼
		团结村秀风楼

批次	地址	历史建筑
第一批	霞寨镇	寨里村古黄厅
		寨里村鲁厝厅
		寨里村周氏民居
	芦溪镇	九曲村端本堂
		九曲村乡公所
		九曲村林氏祠堂
		九曲村仁和楼
	崎岭乡	合溪村解放楼
	九峰镇	三坑村朱氏民居
		三坑村朱氏宗祠
	长乐乡	农家村曾氏民居 1
		农家村曾氏民居 2
		农家村万山居
		农家村望云楼
第二批	文峰镇	文美村新店庙
	国强乡	泮池村崇德堂
	安厚镇	安厚村圩楼
	芦溪镇	秀芦村霞山亭
	九峰镇	九峰村曾氏民居

图书在版编目（CIP）数据

平和传统建筑 / 黄汉民，范文昀著 . —福州：福建
科学技术出版社，2023.8
ISBN 978-7-5335-6971-6

Ⅰ . ①平… Ⅱ . ①黄… ②范… Ⅲ . ①古建筑－建筑
艺术－研究－平和县 Ⅳ . ① TU-092.957.4

中国国家版本馆 CIP 数据核字（2023）第 040358 号

书　　名	平和传统建筑
著　　者	黄汉民　范文昀
出版发行	福建科学技术出版社
社　　址	福州市东水路 76 号（邮编 350001）
网　　址	www.fjstp.com
经　　销	福建新华发行（集团）有限责任公司
印　　刷	雅昌文化（集团）有限公司
开　　本	635 毫米 ×965 毫米　1/8
印　　张	56
图　　文	448 码
插　　页	4
版　　次	2023 年 8 月第 1 版
印　　次	2023 年 8 月第 1 次印刷
书　　号	ISBN 978-7-5335-6971-6
定　　价	468.00 元